2018版安徽省建设工程计价依据

U0166030

安徽省建设工程计价定额

（共用册）

主编部门：安徽省建设工程造价管理总站

批准部门：安徽省住房和城乡建设厅

施行日期：２０１８年１月１日

中国建材工业出版社

图书在版编目（CIP）数据

安徽省建设工程计价定额．共用册/安徽省建设工程造价管理总站编．—北京：中国建材工业出版社，2018.1（2018.2重印）

（2018版安徽省建设工程计价依据）

ISBN 978-7-5160-2060-9

Ⅰ.①安…　Ⅱ.①安…　Ⅲ.①建筑工程—工程造价—安徽　Ⅳ.①TU723.3

中国版本图书馆CIP数据核字（2017）第264875号

安徽省建设工程计价定额（共用册）

安徽省建设工程造价管理总站　编

出版发行：中国建材工业出版社

地　　址：北京市海淀区三里河路1号

邮　　编：100044

经　　销：全国各地新华书店

印　　刷：北京鑫正大印刷有限公司

开　　本：787mm×1092mm　　1/16

印　　张：25.5

字　　数：620千字

版　　次：2018年1月第1版

印　　次：2018年2月第2次

定　　价：128.00元

本社网址：www.jccbs.com　　微信公众号：zgjcgycbs

本书如出现印装质量问题，由我社市场营销部负责调换。联系电话：(010)88386906

安徽省住房和城乡建设厅发布

建标〔2017〕191号

安徽省住房和城乡建设厅关于发布2018版安徽省
建设工程计价依据的通知

各市住房城乡建设委（城乡建设委、城乡规划建设委），广德、宿松县住房城乡建设委（局），省直有关单位：

为适应安徽省建筑市场发展需要，规范建设工程造价计价行为，合理确定工程造价，根据国家有关规范、标准，结合我省实际，我厅组织编制了2018版安徽省建设工程计价依据（以下简称2018版计价依据），现予以发布，并将有关事项通知如下：

一、2018版计价依据包括：《安徽省建设工程工程量清单计价办法》《安徽省建设工程费用定额》《安徽省建设工程施工机械台班费用编制规则》《安徽省建设工程计价定额（共用册）》《安徽省建筑工程计价定额》《安徽省装饰装修工程计价定额》《安徽省安装工程计价定额》《安徽省市政工程计价定额》《安徽省园林绿化工程计价定额》《安徽省仿古建筑工程计价定额》。

二、2018版计价依据自2018年1月1日起施行。凡2018年1月1日前已签订施工合同的工程，其计价依据仍按原合同执行。

三、原省建设厅建定〔2005〕101号、建定〔2005〕102号、建定〔2008〕259号文件发布的计价依据，自2018年1月1日起同时废止。

四、2018版计价依据由安徽省建设工程造价管理总站负责管理与解释。在执行过程中，如有问题和意见，请及时向安徽省建设工程造价管理总站反馈。

安徽省住房和城乡建设厅

2017年9月26日

编制委员会

主　　任　宋直刚

成　　员　王晓魁　王胜波　王成球　杨　博
　　　　　江　冰　李　萍　史劲松

主　　审　王成球

主　　编　孙荣芳

副 主 编　仇圣光

参　　编　（排名不分先后）
　　　　　毛节伟　王杰伟　刘从敏　吴良照
　　　　　刘道寿　李光中　符　浩

参　　审　洪利全　曹荣松　张务汉

总 说 明

一、《安徽省建设工程计价定额（共用册）》以下简称"本共用定额"，是依据国家现行有关工程建设标准、规范及相关定额，并结合近几年我省出现的新工艺、新技术、新材料的应用情况，及建设工程设计与施工特点编制的。

二、本共用定额包括：土石方工程、桩与地基基础工程、拆除铲除工程、大（中）型机械进（退）场及组装拆卸费、混凝土及砂浆配合比等内容。

三、本共用定额适用于我省境内新建、扩建的建设工程。

四、本共用定额的作用：

1. 是编审设计概算、最高投标限价、施工图预算的依据；

2. 是调解处理工程造价纠纷的依据；

3. 是工程成本评审、工程造价鉴定的依据；

4. 是施工企业编制企业定额、投标报价、拨付工程价款、竣工结算的参考依据。

五、本共用定额是按照正常的施工条件，大多数施工企业采用的施工方法、机械化装备程度、合理的施工工期、施工工艺、劳动组织编制的，反映当前社会平均消耗量水平，与建筑、装饰装修、安装、市政、园林绿化、仿古建筑工程计价定额配套使用。

六、本共用定额中人工工日以"综合工日"表示，不分工种、技术等级。内容包括：基本用工、辅助用工、超运距用工及人工幅度差。

七、本共用定额中的材料：

1. 本共用定额中的材料包括主要材料、辅助材料、周转材料和其他材料。

2. 本共用定额中的材料消耗量包括净用量和损耗量。损耗量包括：从工地仓库、现场集中堆放地点或现场加工地点至操作或安装地点的现场运输损耗、施工操作损耗、施工现场堆放损耗。凡能计量的材料、成品、半成品均逐一列出消耗量，难以计量的材料以"其他材料费"形式表示。

3. 混凝土、砂浆均按半成品消耗量体积以"m³"表示，其强度、水泥品种与定额不同时可以换算，但配合比用量不可调整。

八、本共用定额的机械台班消耗量是按正常合理的机械配备、机械施工工效测算确定的，已包括机械幅度差。

九、本共用定额中凡注有"××以内"或"××以下"者，均包括"××"本身；凡注有"××以外"或"××以上"者，则不包括"××"本身。

十、本共用定额授权安徽省建设工程造价总站负责解释和管理。

十一、著作权所有，未经授权，严禁使用本书内容及数据制作各类出版物和软件，违者必究。

目　录

第一章　土石方工程

第二章　桩与地基基础工程

第三章 拆除、铲除工程

第四章 大(中)型机械进(退)场及组装拆卸费

第五章 混凝土及砂浆配合比

第一章　土石方工程

说　　明

一、本章定额适用于各类工程的土石方工程（除有关专业册说明不适用本章定额外）。凡施工现场能采用机械施工的土石方工程均不得套用人工土石方项目。

二、土壤、岩石的分类见附表。

三、干土、湿土、淤泥的划分：干土、湿土的划分，以地质勘测资料的地下常水位为准。地下常水位以上为干土，以下为湿土。地表水排出后，土壤含水率≥25%时为湿土。含水率超过液限，土和水的混合物呈现流动状态时为淤泥。

四、沟槽、基坑、一般土石方的划分：凡图示沟槽底宽在 7m 以内，且沟槽长大于槽底宽 3 倍以上的为沟槽；凡图示坑底长小于等于坑底宽 3 倍且基坑底面积在 150m² 以内的为基坑；凡图示沟槽底宽在 7m 以上，基坑底面积在 150m² 以上，又非平整场地的为一般土石方。

五、人工土方工程

1. 土方定额是按干土编制的，如挖湿土时人工乘以系数 1.18。

2. 土方工程未包括在地下水位以下施工排水费用，如发生需要排水时，排水费的计算按本章第五节的相应子目计算。采用降水措施后的土方应按干土乘以系数 1.09 计算。排除地表的雨水，其费用已包括在冬雨季施工增加费中，不另计算。

3. 人工土方定额是按三类土编制的，如土壤不同时，人工工日量按表 1-1 中系数调整。

表 1-1　人工工日用量调整系数

项目	一、二类土壤	四类土壤
人工挖土方	0.64	1.44
人工挖沟槽	0.64	1.38
人工挖基坑	0.63	1.39

4. 人工平整场地是指建筑物场地，挖、填土方厚度在±30cm 以内及找平。

5. 在有挡土板支撑下挖土时，按实挖体积人工乘以系数 1.43。

6. 挖桩间土方时，按实挖体积扣除桩体所占体积，人工乘以系数 1.5。

7. 支挡土板不论密撑、疏撑，均执行本定额。实际施工中材料不同均不调整。

8. 人工挖土方、沟槽及基坑的挖土深度是指人工挖土的实际深度。

9. 人工清底适用于机械挖土方后，基底和边坡遗留厚度≤0.3m 的人工清理和修整。

六、机械土方工程

1. 机械土方定额是按三类土编制的，如土壤不同时，机械台班量按表 1-2 中系数调整。

表 1-2 机械台班用量调整系数

项目	一、二类土壤	四类土壤
推土机推土	0.84	1.18
自行铲运机铲运土方	0.86	1.09
挖掘机挖土方	0.84	1.14

2. 推土机、铲运机在推铲未经压实的积土时，按定额项目乘以系数 0.73。

3. 推土机推土、铲运机铲运土重车上坡时，如果坡度大于 5%，其运距按坡度区段斜长乘以表 1-3 系数计算。

表 1-3　运距系数

坡度（%）	5～10	15 以内	20 以内	25 以内
系数	1.75	2.0	2.25	2.5

4. 推土机推土或铲运机铲土土层平均厚度小于 30cm 时，推土机台班用量乘以系数 1.25，铲运机台班用量乘以系数 1.17。

5. 挖掘机在垫板上进行作业时，人工、机械乘以系数 1.25，定额内不包括垫板铺设所需的工料、机械消耗。

6. 机械土方均以天然含水率为准。如含水率达到或超过 25%时，定额人工、机械乘以系数 1.15；含水率超过液限时，另行计算。

7. 填土碾压按压实系数来列项。

8. 汽车运土的运输道路是综合确定的，已考虑运输过程中的道路清理人工，如需要铺设材料时，另行计算。

七、挖工作坑、交汇坑土方

1. 工作坑、交汇坑挖土方是按土壤类别综合考虑的，土壤类别不同，不允许调整。工作坑回填土，按其回填的实际做法套用相应子目。

2. 挖土深度在 8m 以上的挖工作坑、交汇坑土方子目按挖土深度 8m 以内的相应子目乘以系数 1.05 计算。

八、石方工程

1. 石方爆破定额是按炮眼法松动爆破编制的，不分明炮、闷炮，如实际采用闷炮爆破的，其覆盖材料应另行计算。

2. 石方爆破定额是按电雷管导电起爆编制的，如采用火雷管爆破时，雷管应换算，数量不变。扣除定额中的胶质导线，换为导火索，导火索的长度按每个雷管 2.12m 计算。

3. 石方爆破中已综合了不同开挖深度，坡面开挖、放炮、找平因素，如设计规定爆破有粒径要求时，人工、材料和机械应另行计算。

4.定额中的爆破材料是按炮孔中无地下渗水、积水编制的，炮孔中若出现地下渗水、积水时，处理渗水或积水发生的费用另行计算。

5.定额未计算爆破时所需覆盖的安全网、草袋、架设安全屏障等设施，发生时另行计算。

九、施工排水、降水

1.施工排水是随土方开挖深度而发生的排水（明排水），施工降水是超越土方开挖深度的排水（暗排水）。

2.施工排水已综合考虑了地下常水位以下土方开挖、基础或地下室施工期间所发生的排水费用。但即使在地下常水位以下，若遇枯水期，无需排水时，也不得计算排水费用。

3.基础施工采用井点降水的工程，不得再套用排水定额，也不应再发生其他抽水机台班；采用注浆等措施阻水的工程，不得套用排水定额，另行按实计算。

4.明排水是指从沟槽、基坑形成到完成回填土为止期间的排水以及池塘、围堰排水。

工程量计算规则

一、土石方的开挖、运输均按开挖前的天然密实体积计算。土方回填，按回填后的竣工体积计算。虚方指未经碾压，堆积时间≤1年的土壤。不同状态的土石方体积按下表换算。

表1-4 土石方体积换算系数表

名称	虚方	松填	天然密实	夯填
土方	1.00	0.83	0.77	0.67
	1.20	1.00	0.92	0.80
	1.30	1.08	1.00	0.87
	1.50	1.25	1.15	1.00
石方	1.00	0.85	0.65	—
	1.18	1.00	0.76	—
	1.54	1.31	1.00	—
块石	1.75	1.43	1.00	（码方）1.67
砂夹石	1.07	0.94	1.00	

二、基础土石方的开挖深度，应按基础（含垫层）底标高至设计室外地坪标高确定。交付施工场地标高与设计室外地坪标高不同时，应按交付施工场地标高确定。

三、基础施工的工作面宽度，按施工组织设计（经过批准，下同）计算；施工组织设计无规定时，按下列规定计算：

1.基础施工所需工作面宽度按下表计算。

表1-5 基础施工单面工作面宽度计算表

基础材料	每面增加工作面宽度（mm）
砖基础	200
毛石、方整石基础	250
混凝土基础（支模板）	400
混凝土基础垫层（支模板）	150
基础垂直面做砂浆防潮层	400（自防潮层面）
基础垂直面做防水层或防腐层	1000（自防水层或防腐层面）
支挡土板	100（另加）

2.管道施工的工作面宽度，按下表计算。

表 1-6　管道施工单面工作面宽度计算表

管道材质	管道基础外沿宽度（无基础时管道外径）（mm）			
	≤500	≤1000	≤2500	>2500
混凝土管、水泥管	400	500	600	700
其他管道	300	400	500	600

四、基础土方的放坡：

1.土方放坡的起点深度和放坡坡度，按施工组织设计规定计算；施工组织设计无规定时，按下表计算。

表 1-7　土方放坡起点深度和放坡坡度表

土壤类别	起点深度（>m）	放坡坡度			
		人工挖土	机械挖土		
			基坑内作业	基坑上作业	沟槽上作业
一二类土	1.20	1：0.50	1：0.33	1：0.75	1：0.50
三类土	1.50	1：0.33	1：0.25	1：0.67	1：0.33
四类土	2.00	1：0.25	1：0.10	1：0.33	1：0.25

2.基础土方放坡，自基础（含垫层）底标高算起。

3.混合土质的基础土方，其放坡的起点深度和放坡坡度，按不同土类厚度加权平均计算。

4.计算基础土方放坡时，不扣除放坡交叉处的重复工程量。

5.基础土方支挡土板时，土方放坡不另行计算。

五、爆破岩石的允许超挖量分别为：极软岩、软岩 0.20m，较软岩、较硬岩、坚硬岩 0.15m。

六、沟槽土石方，按设计图示沟槽长度乘以沟槽断面面积，以体积计算。

1.条形基础的沟槽长度，按设计规定计算；设计无规定时，按下列规定计算：

（1）外墙沟槽，按外墙中心线长度计算。突出墙面的墙垛，按墙垛突出墙面的中心线长度，并入相应工程量内计算。

（2）内墙沟槽、框架间墙沟槽，按基础（含垫层）之间垫层（或基础底）的净长度计算。

2.管道的沟槽长度，按设计规定计算；设计无规定时，以设计图示管道中心线长度（不扣除下口直径或边长≤1.5m 的井池）计算。下口直径或边长>1.5m 的井池的土石方，另按基坑的相应规定计算。

3.沟槽的断面面积，应包括工作面宽度、放坡宽度或石方允许超挖量的面积。

七、基坑土石方，按设计图示基础（含垫层）尺寸，另增加工作面宽度、土方放坡宽度或石方允许超挖量乘以开挖深度，以体积计算。

八、一般土石方，按设计图示基础（含垫层）尺寸，另加工作面宽度、土方放坡宽度或石方允许超挖量乘以开挖深度，以体积计算。机械施工坡道的土石方工程量，并入相应工程量内计算。

九、挖淤泥流砂，以实际挖方体积计算。

十、人工清底按所需清底的面积以平方米计算。

十一、岩石爆破后人工整平与修理边坡，按岩石爆破的规定尺寸（含工作面宽度和允许超挖量）以面积计算。

十二、机械土方：

1.计算挖掘机挖土方及沟槽、基坑工程量时，不扣除人工清底的工程量。

2.机械土方工程量计算规则，除执行人工土方有关规定外，在土方运距上还应执行下列计算规则：

（1）推土机推土运距：按挖方区重心至填方区重心之间的直线距离计算。

（2）铲运机运距：按挖方区重心至卸土区重心加转向 45m 计算。

（3）自卸汽车运距：按挖方区重心至填土区（或堆放地点）重心的最短距离计算。

十三、挖工作坑、交汇坑土方：

工作坑、交汇坑土方区分挖土深度，以体积计算。

十四、回填及其他：

1.平整场地，按设计图示尺寸，以建筑物首层建筑面积计算。建筑物地下室结构外边线突出首层结构外边线时，其突出部分的建筑面积合并计算。

2.原土夯实与碾压，按设计规定的尺寸以面积计算。

3.回填，按下列规定以体积计算：

（1）沟槽、基坑回填，按挖土方体积减去设计室外地坪以下建筑物、基础（含垫层）的体积计算。

（2）管道沟槽回填，按挖土方体积减去管道基础和下表管道折合回填体积计算。

表 1-8　管道折合回填体积表（m³/m）

管道	公称直径（mm 以内）					
	500	600	800	1000	12000	1500
混凝土管及钢筋混凝土管道	—	0.33	0.6	0.92	1.15	1.45
其他材质管道		0.22	0.46	0.74	—	—

（3）房心（含地下室内）回填，按主墙间净面积（扣除连续底面积 2m² 以上的设备基础等面积）乘以回填厚度以体积计算。

（4）场区（含地下室顶板以上）回填，按回填面积乘以平均回填厚度以体积计算。

十五、土方运输，以天然密实体积计算。

挖土总体积减去回填土（折合天然密实体积），总体积为正，则为余土外运；总体积为负，则为取土内运。

十六、施工排水降水

1.明排水按实际排水体积计算。

2.槽、坑湿土排水按基础坑、槽地下水位以下部分需排水土方计算。

3.地下室排水按地下水位以下部分需排水的地下室建筑面积计算，当地下水位位于地下室某一层之间时，该层地下室的建筑面积按一半计算。

4.降水井制作按设计降水井数量以"座"计算，其降水的抽水机台班按实际发生的签证计算。

5.井点降水 50 根为一套，累计根数不足一套者按一套计算，井点使用单位为"套·天"，一天按 24h 计算。

附：土壤、岩石分类表

土壤分类表

土壤分类	土 壤 名 称	开挖方法
一、二类土	粉土、砂土（粉砂、细砂、中砂、粗砂、砾砂）、粉质黏土、弱中盐渍土、软土（淤泥质土、泥炭、泥炭质土）、软塑红黏土、冲填土	用锹、少许用镐、条锄开挖。机械能全部直接铲挖满载者
三类土	黏土、碎石土（圆砾、角砾）混合土、可塑红黏土、硬塑红黏土、强盐渍土、素填土、压实填土	主要用镐、条锄，少许用锹开挖。机械需部分刨松方能铲挖满载者或可直接铲挖但不能满载者
四类土	碎石土（卵石、碎石、漂石、块石）、坚硬红黏土、超盐渍土、杂填土	全部用镐、条锄挖掘，少许用撬棍挖掘。机械须普遍刨松方能铲挖满载者

岩石分类表

岩石分类		代 表 性 岩 石	开挖方法
极软岩		1. 全风化的各种岩石； 2. 各种半成岩	部分用手凿工具、部分用爆破法开挖
软质岩	软岩	1. 强风化的坚硬岩或较硬岩； 2. 中等风化～强风化的较软岩； 3. 未风化～微风化的页岩、泥岩、泥质砂岩等	用风镐和爆破法开挖
	较软岩	1. 中等风化～强风化的坚硬岩或较硬岩； 2. 未风化～微风化的凝灰岩、千枚岩、泥灰岩、砂质泥岩等	用爆破法开挖
硬质岩	较硬岩	1. 微风化的坚硬岩； 2. 未风化～微风化的大理岩、板岩、石灰岩、白云岩、钙质砂岩等	用爆破法开挖
	坚硬岩	未风化～微风化的花岗岩、闪长岩、辉绿岩、玄武岩、安山岩、片麻岩、石英岩、石英砂岩、硅质砾岩、硅质石灰岩等	用爆破法开挖

一、人工土方

1. 人工挖土方

工作内容：挖土、装土、修理底边；将土倒运至地面。

计量单位：m³

定 额 编 号			G1-1	G1-2
项 目 名 称			人工挖土方	
			挖土深度	
			1.5m以内	每增加1m
基 价（元）			**32.20**	**3.50**
其中	人 工 费（元）		32.20	3.50
	材 料 费（元）		—	—
	机 械 费（元）		—	—
名 称	单位	单价（元）	消 耗 量	
人 工	综合工日	工日	140.00	0.230	0.025

注：挖土方工程量按全部深度计算。

11

2. 人工挖沟槽、基坑

工作内容：人工挖沟槽、基坑土方，将土置于槽、坑边1m以外自然堆放。　　　　　　　计量单位：m³

定　额　编　号			G1-3	G1-4	G1-5	G1-6
项　目　名　称			人工挖沟槽		人工挖基坑	
			挖土深度			
			2m以内	每增加1m	2m以内	每增加1m
基　　　　　价（元）			53.20	4.06	61.88	3.78
其中	人　工　费（元）		53.20	4.06	61.88	3.78
	材　料　费（元）		—	—	—	—
	机　械　费（元）		—	—	—	—
名　　称	单位	单价(元)	消　　耗			量
人　工　综合工日	工日	140.00	0.380	0.029	0.442	0.027

注：挖沟槽、基坑工程量按全部深度计算。

12

3. 平整场地、原土打夯、回填土、清底

工作内容：1. 平整场地：厚度在30cm以内的挖、填、找平；
　　　　　2. 原土打夯：包括碎土、平土、找平、洒水、夯实。

计量单位：m²

定　额　编　号				G1-7	G1-8
项　目　名　称				平整场地	原土打夯 两遍
基　　　　价（元）				1.82	1.42
其中	人　工　费（元）			1.82	1.26
	材　料　费（元）			—	—
	机　械　费（元）			—	0.16
	名　　称	单位	单价（元）	消　耗　　量	
人工	综合工日	工日	140.00	0.013	0.009
机械	电动夯实机 250N·m	台班	26.28	—	0.006

工作内容：1.松填：5m以内取土铺平；
2.填土夯实：摊铺、碎土、平土、夯土。

计量单位：m³

定 额 编 号					G1-9	G1-10	G1-11
项 目 名 称					就地回填	填土夯实	
					松填	平地	槽、坑
基 价 （元）					5.18	8.60	11.34
其中	人 工 费（元）				5.18	7.00	9.24
	材 料 费（元）				—	—	—
	机 械 费（元）				—	1.60	2.10
名 称		单位	单价（元）	消	耗		量
人工	综合工日	工日	140.00	0.037	0.050		0.066
机械	电动夯实机 250N·m	台班	26.28	—	0.061		0.080

工作内容：厚度在30cm以内的挖、填、找平、洒水、夯实。

计量单位：m²

定 额 编 号				G1-12	
项 目 名 称				人工清底	
基 价 （元）				7.56	
其中	人 工 费（元）			7.56	
	材 料 费（元）			一	
	机 械 费（元）			一	
	名 称	单位	单价（元）	消 耗 量	
人工	综合工日	工日	140.00	0.054	

15

4.挖淤泥流砂、支挡土板

工作内容：1.挖淤泥流砂弃于1m以外；
　　　　　2.支挡土板：制作、安装及拆除，并堆放整齐。

计量单位：m³

定　额　编　号			G1-13	G1-14
项　目　名　称			人工挖淤泥	人工挖流砂
基　　　　价（元）			84.00	80.36
其中	人　工　费（元）		84.00	80.36
	材　料　费（元）		—	—
	机　械　费（元）		—	—
名　　称	单位	单价(元)	消　耗　量	
人工 综合工日	工日	140.00	0.600	0.574

16

工作内容：1.挖淤泥流砂弃于1m以外；
2.支挡土板：制作、安装及拆除，并堆放整齐。　　　　　　　　　　　　　　　计量单位：m²

定 额 编 号				G1-15
项 目 名 称				支挡土板
基 价（元）				28.18
其中	人 工 费（元）			18.34
	材 料 费（元）			9.84
	机 械 费（元）			—
名 称	单位	单价（元）	消 耗 量	
人工	综合工日	工日	140.00	0.131
材料	标准砖 240×115×53	千块	414.53	0.001
	木板	m³	1634.16	0.003
	杉原木	m³	1512.31	0.002
	支撑方木	m³	1495.00	0.001

5. 人力车运土方、淤泥

工作内容：装、运、卸土、淤泥。

计量单位：m³

定　额　编　号			G1-16	G1-17
项　目　名　称			人力车运土	
			运距50m以内	运距200m以内 每增加50m
基　　　价（元）			16.10	2.38
其中	人　工　费（元）		16.10	2.38
	材　料　费（元）		—	—
	机　械　费（元）		—	—
名　　　称	单位	单价（元）	消　　　耗　　　量	
人 工　综合工日	工日	140.00	0.115	0.017

18

工作内容：装、运、卸土、淤泥。 计量单位：m³

定 额 编 号					G1-18	G1-19
项 目 名 称					人力车运淤泥、流砂	
					运距50m以内	运距200m以内 每增加50m
基 价（元）					31.78	6.16
其中	人 工 费（元）				31.78	6.16
	材 料 费（元）				—	—
	机 械 费（元）				—	—
名 称		单位	单价（元）	消 耗 量		
人 工	综合工日	工日	140.00		0.227	0.044

二、机械土方

1. 推土机推土

工作内容：推土机推土、弃土、平整、修理边坡、工作面排水。　　　　　计量单位：1000m³

定　额　编　号			G1-20	G1-21
项　目　名　称			推土机推土	
			运距20m	运距100m以内每增加20m
基　　　价（元）			1913.80	1193.84
其中	人　工　费（元）		242.62	—
	材　料　费（元）		—	—
	机　械　费（元）		1671.18	1193.84
名　　称	单位	单价(元)	消　　耗　　量	
人工	综合工日	工日	140.00	1.733	—
机械	履带式推土机 90kW	台班	964.33	1.733	1.238

2.铲运机铲运土方

工作内容：铲土、运土、卸土及平整、修理边坡、工作面内排水。　　　　　　　　计量单位：1000m³

定　额　编　号				G1-22	G1-23
项　目　名　称				铲运机	
				运距200m以内	运距1500m以内 每增加200m
基　　　　价（元）				3428.77	958.93
其中	人　工　费（元）			346.50	—
	材　料　费（元）			—	—
	机　械　费（元）			3082.27	958.93
名　　称		单位	单价（元）	消　　耗　　量	
人工	综合工日	工日	140.00	2.475	—
机械	自行式铲运机 10m³	台班	1245.36	2.475	0.770

3. 挖掘机挖土方

工作内容：挖土、装土或将土堆放在一边，清理机下余土、修理边坡、工作面内排水。

计量单位：1000m³

定 额 编 号			G1-24	G1-25
项 目 名 称			挖掘机挖土	
			装车	不装车
			5m以内	
基 价（元）			2224.63	1832.28
其中	人 工 费（元）		242.90	200.06
	材 料 费（元）		—	—
	机 械 费（元）		1981.73	1632.22
名 称	单位	单价（元）	消 耗 量	
人工	综合工日	工日	140.00	1.735	1.429
机械	履带式单斗液压挖掘机 1m³	台班	1142.21	1.735	1.429

工作内容：挖土、装土或将土堆放在一边，清理机下余土、修理边坡、工作面内排水。

计量单位：1000m³

定 额 编 号			G1-26	G1-27
项 目 名 称			挖掘机挖土	
			装车	不装车
			8m以内	
基 价 （元）			2781.11	2290.03
其中	人 工 费 （元）		303.66	250.04
	材 料 费 （元）		—	—
	机 械 费 （元）		2477.45	2039.99
名 称	单位	单价（元）	消 耗 量	
人工	综合工日	工日	140.00	2.169	1.786
机械	履带式单斗液压挖掘机 1m³	台班	1142.21	2.169	1.786

23

工作内容：挖土、装土或将土堆放在一边，清理机下余土、修理边坡、工作面内排水。

计量单位：1000m³

定 额 编 号			G1-28	G1-29
项 目 名 称			挖掘机挖土	
			装车	不装车
			8m以外	
基 价（元）			3177.32	2616.99
其中	人 工 费（元）		346.92	285.74
	材 料 费（元）		—	—
	机 械 费（元）		2830.40	2331.25
名 称	单位	单价（元）	消 耗	量
人工	综合工日	工日	140.00	2.478	2.041
机械	履带式单斗液压挖掘机 1m³	台班	1142.21	2.478	2.041

24

4. 挖掘机挖沟槽、基坑

工作内容：挖土、装土或将土置于槽、坑边1m外堆放，清理机下余土，工作面内排水。

计量单位：1000m³

定 额 编 号			G1-30	G1-31
项 目 名 称			挖掘机挖沟槽、基坑	
			装车	不装车
基 价 （元）			3603.01	2772.14
其中	人 工 费 （元）		393.40	302.68
	材 料 费 （元）		—	—
	机 械 费 （元）		3209.61	2469.46
名 称	单位	单价（元）	消 耗	量
人工	综合工日	工日	140.00	2.810	2.162
机械	履带式单斗液压挖掘机 1m³	台班	1142.21	2.810	2.162

5.挖掘机挖淤泥、流砂

工作内容：挖淤泥、流砂，堆放，清理机下余泥。

计量单位：1000m³

定　额　编　号					G1-32	
项　目　名　称					挖掘机挖淤泥、流砂	
					不装车	
基　　　　　价（元）					6613.67	
其中	人　工　费（元）				1484.00	
	材　料　费（元）				—	
	机　械　费（元）				5129.67	
名　　　称		单位	单价(元)	消　　　　耗　　　　量		
人工	综合工日	工日	140.00	10.600		
机械	履带式单斗液压挖掘机 1m³	台班	1142.21	4.491		

6. 装载机装运土方

工作内容：1. 铲装松土、运土、卸土、修理边坡、清理机下余土；
2. 铲土装车或铲土。

计量单位：1000m³

定 额 编 号				G1-33	G1-34
项 目 名 称				装载机装运土方(自装自运)	
				运距20m以内	运距150m以内每增加20m
基 价（元）				1569.25	324.71
其中	人 工 费（元）			179.20	—
	材 料 费（元）			—	—
	机 械 费（元）			1390.05	324.71
名 称	单位	单价（元）	消 耗 量		
人工	综合工日	工日	140.00	1.280	—
机械	轮胎式装载机 3m³	台班	1085.98	1.280	0.299

27

工作内容：1.铲装松土、运土、卸土、修理边坡、清理机下余土；
　　　　　2.铲土装车或铲土。

計量单位：1000m³

定　额　编　号				G1-35
项　目　名　称				装载机铲装土方
基　　　价（元）				1219.85
其中	人　工　费（元）			139.30
	材　料　费（元）			—
	机　械　费（元）			1080.55
名　　称	单位	单价（元）	消　　　耗　　　量	
人工	综合工日	工日	140.00	0.995
机械	轮胎式装载机 3m³	台班	1085.98	0.995

7. 自卸汽车运土方

工作内容：运土、卸土。

定 额 编 号				G1-36	G1-37	G1-38
项 目 名 称				自卸汽车运土方		
				运距		
				1km以内	3km以内	5km以内
基 价（元）				6415.13	9981.67	13490.06
其中	人 工 费（元）			280.00	280.00	280.00
	材 料 费（元）			—	—	—
	机 械 费（元）			6135.13	9701.67	13210.06
名 称	单位	单价（元）		消	耗	量
人工	综合工日	工日	140.00	2.000	2.000	2.000
机械	自卸汽车 12t	台班	867.77	7.070	11.180	15.223

29

工作内容：运土、卸土。 计量单位：1000㎥

定　额　编　号	G1-39
项　目　名　称	自卸汽车运土方
	运距
	20km以内每增加1km
基　　　　价（元）	1072.56
其中　人　工　费（元）	—
材　料　费（元）	—
机　械　费（元）	1072.56

名　　称	单位	单价(元)	消　　耗　　量
机			
自卸汽车 12t	台班	867.77	1.236
械			

8. 平整场地、碾压

工作内容：推平、碾压、工作面排水。　　　　　　　　　　　　　　　　　　计量单位：1000㎡

定　额　编　号			G1-40	G1-41
项　目　名　称			平整场地厚30cm以内	原土碾压
基　　　　价（元）			608.62	170.63
其中	人　工　费（元）		83.16	19.60
	材　料　费（元）		—	—
	机　械　费（元）		525.46	151.03
名　　　称	单位	单价（元）	消　　耗　　量	
人工	综合工日	工日	140.00	0.594	0.140
机械	钢轮内燃压路机 15t	台班	604.11	—	0.250
	履带式推土机 75kW	台班	884.61	0.594	—

31

工作内容：推平、碾压、工作面排水。 计量单位：1000m³

定 额 编 号				G1-42	G1-43
项 目 名 称				填土碾压	
				压实系数0.9以下	压实系数0.9以上
基 价（元）				1227.89	2303.03
其中	人 工 费（元）			130.62	251.58
	材 料 费（元）			119.40	119.40
	机 械 费（元）			977.87	1932.05
名 称		单位	单价（元）	消 耗 量	
人工	综合工日	工日	140.00	0.933	1.797
材料	水	m³	7.96	15.000	15.000
机械	钢轮内燃压路机 15t	台班	604.11	0.418	—
	钢轮振动压路机 15t	台班	1014.22	0.317	1.633
	履带式推土机 75kW	台班	884.61	0.198	0.164
	洒水车 4000L	台班	468.64	0.488	0.279

三、挖工作坑、交汇坑土方

工作内容：人工挖土、少先吊配合吊土、卸土、场地清理。

计量单位：m³

定额编号				G1-44	G1-45	G1-46
项 目 名 称				挖工作坑、交汇坑土方		
				深度4m以内	深度6m以内	深度8m以内
基 价（元）				61.16	68.98	74.56
其中	人 工 费（元）			47.74	54.74	59.92
	材 料 费（元）			—	—	—
	机 械 费（元）			13.42	14.24	14.64
名 称		单位	单价(元)	消	耗	量
人工	综合工日	工日	140.00	0.341	0.391	0.428
机械	少先吊 1t	台班	203.36	0.066	0.070	0.072

四、石方工程

1. 人工凿石

工作内容：1.沟槽、基坑：打槽子、碎石、槽壁打直、底检平，石方运出槽、坑边1m以外；
　　　　　2.平基：开凿石方、打碎、修边、检底。　　　　　　　　　　　计量单位：m³

定　额　编　号			G1-47	G1-48
项　目　名　称			人工凿石	
			平基	沟槽、基坑
基　　　价（元）			149.10	209.16
其中	人　工　费（元）		149.10	209.16
	材　料　费（元）		—	—
	机　械　费（元）		—	—
名　　　称	单位	单价（元）	消　耗　　　量	
人 工				
综合工日	工日	140.00	1.065	1.494

34

2.机械凿石

工作内容：装、拆破碎机，凿岩石，碎料清理，归堆。 计量单位：100m³

定　额　编　号				G1-49	G1-50	G1-51
项　目　名　称				机械凿岩石		
				极软岩	软质岩	硬质岩
基　　　价（元）				3879.90	4808.16	7230.96
其中	人　工　费（元）			341.60	420.00	630.00
	材　料　费（元）			320.00	384.00	576.00
	机　械　费（元）			3218.30	4004.16	6024.96
名　　　称		单位	单价（元）	消	耗	量
人工	综合工日	工日	140.00	2.440	3.000	4.500
材料	合金钎头 φ135	个	3200.00	0.100	0.120	0.180
机械	履带式单斗液压挖掘机 1m³	台班	1142.21	0.860	1.070	1.610
	履带式单头凿岩机	台班	1300.00	1.720	2.140	3.220

3. 打眼爆破石方

工作内容：布孔、打眼、准备炸药及装药、准备及添充填塞药、安爆破线、封锁爆破区、爆破前后检查、爆破、清理岩石、撬开及破碎不规则的大石块。　　　　　　　　　　　计量单位：100m³

定　额　编　号				G1-52	G1-53	G1-54
项　目　名　称				石方爆破		
				平基		
				极软岩	软质岩	硬质岩
基　　　　　价（元）				1428.31	1999.87	2781.91
其中	人　工　费（元）			606.76	828.52	1073.38
	材　料　费（元）			412.33	494.54	614.20
	机　械　费（元）			409.22	676.81	1094.33
名　　称		单位	单价（元）	消	耗	量
人工	综合工日	工日	140.00	4.334	5.918	7.667
材料	电雷管	个	2.50	54.000	62.000	75.000
	高压胶管	m	8.00	0.210	0.350	0.560
	高压水管	m	19.50	0.340	0.570	0.920
	合金钢钻头（一字形）	个	8.79	1.000	2.000	3.000
	胶质导线 1.5mm²	m	0.95	49.280	53.680	60.360
	胶质导线 2.5mm²	m	1.26	23.990	24.140	24.800
	胶质导线 4mm²	m	1.97	3.600	3.610	3.720
	六角空心钢	kg	3.68	2.210	3.150	4.650
	水	kg	0.01	3.720	6.720	10.930
	硝胺炸药 2号	kg	6.38	26.320	32.580	41.500
机械	电动修钎机	台班	104.11	0.238	0.343	0.502
	内燃空气压缩机 9m³/min	台班	429.90	0.827	1.382	2.250
	汽腿式风动凿岩机	台班	14.30	1.654	2.763	4.500
	液压锻钎机 11kW	台班	84.91	0.062	0.088	0.123

工作内容：布孔、打眼、准备炸药及装药、准备及添充填塞药、安爆破线、封锁爆破区、爆破前后检查、爆破、清理岩石、撬开及破碎不规则的大石块。　　　　　　　　　　　　　　计量单位：100m³

定　额　编　号			G1-55	G1-56	G1-57
项　目　名　称			石方爆破		
			极软岩	软质岩	硬质岩
			沟槽、基坑		
基　　　价（元）			3671.38	5886.03	8584.86
其中	人　工　费（元）		1546.16	2473.52	3278.24
	材　料　费（元）		1127.81	1562.27	2006.62
	机　械　费（元）		997.41	1850.24	3300.00
名　　　称	单位	单价（元）	消	耗	量
人工 综合工日	工日	140.00	11.044	17.668	23.416
材料 电雷管	个	2.50	196.000	258.000	312.000
高压胶管	m	8.00	0.620	0.850	1.650
高压水管	m	19.50	1.020	1.475	2.705
合金钢钻头（一字形）	个	8.79	4.000	7.000	10.000
胶质导线 1.5mm²	m	0.95	41.745	52.430	68.925
胶质导线 2.5mm²	m	1.26	33.140	37.285	40.220
胶质导线 4mm²	m	1.97	4.930	5.595	5.940
六角空心钢	kg	3.68	6.105	10.235	15.605
水	kg	0.01	12.125	17.530	32.110
硝胺炸药 2号	kg	6.38	72.740	105.725	139.055
机械 电动修钎机	台班	104.11	0.612	0.995	1.523
内燃空气压缩机 9m³/min	台班	429.90	2.007	3.763	6.779
汽腿式风动凿岩机	台班	14.30	4.013	7.526	13.557
液压锻钎机 11kW	台班	84.91	0.159	0.251	0.392

工作内容：在石方爆破的底上进行整平，清除石渣。　　　　　　　　　　　　　计量单位：m²

定　额　编　号			G1-58	G1-59	G1-60
项　目　名　称			石方爆破		
			极软岩	软质岩	硬质岩
			人工地面整平		
基　　　　价（元）			20.30	25.90	49.28
其中	人　工　费（元）		20.30	25.90	49.28
	材　料　费（元）		—	—	—
	机　械　费（元）		—	—	—
名　　称	单位	单价(元)	消　　　耗　　　量		
人工	综合工日	工日	140.00	0.145	0.185	0.352

工作内容：在石方爆破的底上进行整平，清除石渣。 计量单位：m²

定　额　编　号				G1-61	G1-62	G1-63
项　目　名　称				石方爆破		
				极软岩	软质岩	硬质岩
				人工槽坑整平		
基　　　　价（元）				24.36	30.38	55.44
其中	人　工　费（元）			24.36	30.38	55.44
	材　料　费（元）			—	—	—
	机　械　费（元）			—	—	—
名　　称		单位	单价（元）	消　　耗　　量		
人工	综合工日	工日	140.00	0.174	0.217	0.396

工作内容：在石方爆破的底上进行整平，清除石渣。　　　　　　　　　　　　　　　　计量单位：m²

定　额　编　号				G1-64	G1-65	G1-66
项　目　名　称				石方爆破		
				极软岩	软质岩	硬质岩
				人工修整边坡		
基　　　　　价（元）				12.88	16.52	38.36
其中	人　工　费（元）			12.88	16.52	38.36
	材　料　费（元）			—	—	—
	机　械　费（元）			—	—	—
名　　　称		单位	单价(元)	消	耗	量
人工	综合工日	工日	140.00	0.092	0.118	0.274

40

4.人力车运石方

工作内容：装、运、卸石方。

计量单位：m³

定 额 编 号				G1-67	G1-68
项 目 名 称				单(双)轮车运石	
				运距在50m以内	运距在200m以内 每增加50m
基 价（元）				24.64	5.32
其中	人 工 费（元）			24.64	5.32
	材 料 费（元）			—	—
	机 械 费（元）			—	—
名 称		单位	单价(元)	消 耗 量	
人 工	综合工日	工日	140.00	0.176	0.038

41

5. 推土机推渣

工作内容：1. 推渣、弃渣、平整；
2. 集渣、平渣；
3. 工作面内的道路养护和排水。

计量单位：1000m³

定　额　编　号				G1-69	G1-70
项　目　名　称				推土机推渣	
				运距20m以内	运距100m以内每增加20m
基　　　价（元）				4443.99	2533.52
其中	人　工　费（元）			560.00	—
	材　料　费（元）			—	—
	机　械　费（元）			3883.99	2533.52
名　　称		单位	单价（元）	消　　耗　　量	
人工	综合工日	工日	140.00	4.000	—
机械	履带式推土机 105kW	台班	1013.16	1.889	1.229
	履带式推土机 90kW	台班	964.33	2.043	1.336

42

6.挖掘机挖渣

工作内容：集渣、挖渣、装车或堆积、工作面内排水。　　　　　　　　　　　计量单位：1000m³

定　额　编　号				G1-71	G1-72
项　目　名　称				挖掘机挖渣	
				装车	不装车
基　　　价（元）				**4449.27**	**3664.56**
其中	人　工　费（元）			485.80	400.12
	材　料　费（元）			—	—
	机　械　费（元）			3963.47	3264.44
名　　称		单位	单价（元）	消　　耗　　量	
人工	综合工日	工日	140.00	3.470	2.858
机械	履带式单斗液压挖掘机 1m³	台班	1142.21	3.470	2.858

7. 自卸汽车运渣

工作内容：运、卸渣。

计量单位：1000m³

定 额 编 号			G1-73	G1-74
项 目 名 称			自卸汽车运渣	
			运距	
			1km以内	10km以内每增加1km
基 价（元）			8877.29	1802.36
其中	人 工 费（元）		—	—
	材 料 费（元）		—	—
	机 械 费（元）		8877.29	1802.36
	名 称	单位	单价（元）	消 耗 量	
机 械	自卸汽车 12t	台班	867.77	10.230	2.077

44

五、施工排水、降水

1. 施工排水

工作内容：排水机械的就位、安装、拆卸及转移。

计量单位：m³

定 额 编 号				G1-75	G1-76
项 目 名 称				明排水，排除积水	槽、坑湿土排水
基 价（元）				0.56	2.82
其中	人 工 费（元）			0.42	1.68
	材 料 费（元）			—	—
	机 械 费（元）			0.14	1.14
名 称		单位	单价（元）	消 耗 量	
人工	综合工日	工日	140.00	0.003	0.012
机械	电动单级离心清水泵 50mm	台班	27.04	0.005	0.042

工作内容：排水机械的就位、安装、拆卸及转移。 计量单位：m²

定 额 编 号	G1-77
项 目 名 称	地下室排水
	地下水位以下
基 价（元）	25.71

其中	人 工 费（元）	—
	材 料 费（元）	—
	机 械 费（元）	25.71

名 称	单位	单价(元)	消 耗 量
机 械			
潜水泵 100mm	台班	27.85	0.923

2.降水

工作内容：挖井、砌井壁、放置抽水机。   计量单位：座

定 额 编 号				G1-78	G1-79
项 目 名 称				降水井	
				井深10m	井深每增加1m
基 价（元）				2758.32	259.98
其中	人 工 费（元）			1575.00	141.82
	材 料 费（元）			1059.20	105.75
	机 械 费（元）			124.12	12.41
名 称		单位	单价（元）	消 耗 量	
人工	综合工日	工日	140.00	11.250	1.013
材料	标准砖 240×115×53	千块	414.53	2.194	0.219
	水泥砂浆 M5.0	m³	192.88	0.770	0.077
	其他材料费	元	1.00	1.200	0.120
机械	灰浆搅拌机 200L	台班	215.26	0.440	0.044
	潜水泵 50mm	台班	22.97	1.280	0.128

47

工作内容：井管配置，地面试管，铺总管，装、拆水泵，钻孔沉管，灌水封口连接、试抽、抽水，井管堵漏、拔管、拆管、清洗整理。

计量单位：见表

定 额 编 号			G1-80	G1-81	G1-82
项 目 名 称			轻型井点降水		
			井管深7m		
			安装	拆除	使用
单 位			10根		天
基 价（元）			3284.22	2056.16	240.61
其中	人 工 费（元）		231.70	161.00	—
	材 料 费（元）		633.06	6.61	62.98
	机 械 费（元）		2419.46	1888.55	177.63
名 称	单位	单价（元）	消	耗	量
人工 综合工日	工日	140.00	1.655	1.150	—
材料 棉拉绳	m	1.60	4.130	4.130	—
轻型井点总管	m	47.68	0.010	—	0.060
轻型井点总管 7m	根	334.00	0.030	—	0.180
中(粗)砂	t	87.00	7.080	—	—
机械 电动单级离心清水泵 100mm	台班	33.35	1.910		
电动单筒慢速卷扬机 50kN	台班	215.57	—	2.200	
电动空气压缩机 6m³/min	台班	206.73	1.910		
履带式起重机 10t	台班	642.86	1.910	2.200	
泥浆泵 100mm	台班	192.40	3.810	—	—
射流井点泵 9.5m	台班	59.21	—	—	3.000

第二章　桩与地基基础工程

说　　明

一、本定额适用于一般工业与民用建筑、市政工程的地基处理、边坡支护与打桩工程。

二、本章定额土壤类别已综合考虑，在执行中不予调整。

三、地基处理包括加固地基、强夯地基、复合地基、基础垫层。

1. 加固地基

（1）换填地基项目适用于软弱地基挖土后的换填材料的加固。

（2）掺填地基项目适用于软弱地基挖土中的掺填材料的加固。掺干土加固软土地基项目未计取土费用，其费用按相应定额另行计算。

（3）袋装砂井处理弹软土基和塑料排水板插板处理弹软土基项目适用于软土地基竖向排水工程，亦适用于预压地基的排水工程，定额中机械已综合考虑，实际使用其他机械不予换算。

（4）土工布处理地基项目适用于软土地基工程，亦可用于地面、地下建筑物保护；定额内的土工布系机织土工布，如设计文件要求使用其他土工布，可按设计文件调整、含量不变。

2. 强夯地基

（1）强夯地基项目适用于天然地基或填土地基上用重锤夯击加固的地基工程。设计要求在施工中用外来材料（土、石）填坑时，另按有关规定执行。

（2）强夯项目中每单位面积夯点数，指设计文件中规定的单位面积内夯点数量，若设计文件中夯点数量与定额不同时，采用内插法计算消耗量。

（3）强夯的夯击能量为锤重与锤高之积，夯击击数为夯锤在同一夯点上下起落次数。

（4）强夯工程量应区别不同夯击能量和夯点密度，按设计图示夯击范围及夯击遍数分别计算。

3. 复合地基

（1）复合地基项目已综合考虑材料充盈系数和损耗，设计文件与定额不同时，一般不予调整。

（2）沉管灌注砂石桩、碎石桩、砂桩项目应以标准钢管的外径尺寸为桩的直径计算工程量。沉管灌注砂石桩项目已综合考虑砂石级配系数，设计文件与定额不同时，不予调整。

（3）喷浆搅拌桩项目的水泥掺入比为 0.12，喷粉搅拌桩项目的水泥掺入比为 0.15，设计文件与定额不同时，可按实调整水泥用量，其他不变。

（4）灰土挤密桩项目中的三七灰土系成品灰土，设计文件与定额不同时，可按设计文件调整。

（5）压密注浆、高压旋喷水泥桩项目，设计文件中水泥浆配合比有明确要求时，可按设计文件调整。

4. 基础垫层项目既适用基础工程、亦适用于楼地面工程。

四、基坑与边坡支护工程包括基坑支护、围护桩、边坡支护。

1. 地下连续墙项目已综合考虑材料充盈系数和损耗,设计文件与定额不同时,一般不予调整。实际采用不同工艺和不同机械时亦不予调整。

2. 围护桩项目仅考虑用于围护工程,工程桩使用该定额亦不调整。

（1）型钢水泥搅拌劲性桩施工后不再拔出型钢时,每吨型钢应扣除人工 0.3 工日、立式油压千斤顶(起重量 200t)0.247 台班。

（2）钻孔咬合灌注混凝土桩的导墙可执行地下连续墙导墙相关定额子目。咬合桩桩身重叠部分,工程量计算时不扣除。

（3）打钢板桩项目中的钢板桩系定型拉森式桩,实际使用其他定型钢板桩时,不予调整。

（4）打钢板桩、打型钢桩项目中未含桩的费用。定型钢板桩的租赁可另行计算,型钢桩的制作费用按相关定额计算。

3. 支护项目未考虑抗浮锚杆项目,实际发生时按锚杆项目人工、机械乘以系数 0.85 执行。

（1）使用成品锚头时,费用另行计算。其中安装、张拉、锁定按每套消耗人工 0.25 工日、立式油压千斤顶（起重量 100t）0.2 台班计算。

（2）锚杆自由端是否注浆由设计文件确定,注浆料可按设计文件调整,含量不变。若设计文件中规定锚杆、土钉需防腐处理,其费用另行计算。

（3）钢支撑项目仅适用于基坑开挖的大型支撑安装、拆除。

五、打桩工程包括打桩机打压(送)预制钢筋混凝土方桩、打桩机打压(送)预制钢筋混凝土离心管(方)桩、打桩机打(送)钢管桩、预制桩、离心桩、钢管桩接桩、沉管灌注混凝土桩、钻(挖)孔灌注混凝土桩、湖(河)堤打桩。

1. 单位工程的工程量在表 2-1 规定数量以内时，其人工、机械按相应项目乘系数 1.25 计算。

表 2-1　小型单位工程的工程量表

项目	单位工程的工程量	项目	单位工程的工程量
钢筋混凝土方桩	200m³	灰土挤密桩	50m³
钢筋混凝土离心管（方）桩	100m³	振冲碎石桩	100m³
预制钢筋混凝土板桩	100m³	高压旋喷水泥桩	100m³
沉管灌注混凝土桩	100m³	水泥粉煤灰碎石（CFG）桩	100m³
钻(挖)孔灌注混凝土桩	150m³	劲性围护桩	50m³
沉管灌注砂石桩	100m³	钻孔咬合灌注混凝土桩	100m³
深层搅拌桩	100m³	打钢板桩	50t
钢管桩	50t	打型钢桩	50t

2. 钻(挖)孔灌注混凝土桩的入岩增加费，按机械施工考虑。如实际无法机械施工，采用爆破施工时，费用可另行计算。岩石类别划分可参考土石方工程中岩石分类表。

3. 打试验桩按相应定额项目的人工、机械乘系数 2.0 计算。

4. 打斜桩，斜度在 1:6 以内者按相应定额项目的人工、机械乘系数 1.25 计算；斜度大于 1:6 以内者按相应定额项目的人工、机械乘系数 1.43 计算。

5. 桩净间距小于 4 倍桩径（桩边长）的打桩工程，按相应定额项目的人工、机械乘以系数 2.0 计算。

6. 在基坑内（基坑深度超过 1.5m）打桩或在地面上打坑槽内（坑槽深度超过 1m）桩时，按相应定额项目的人工、机械乘以系数 1.11 计算。

7. 本章项目不包括桩的静荷载试桩、动测费用，实际发生时另行计算。

8. 各种灌注桩的材料用量中，已包括表 2-2 规定的充盈系数（含泛浆层）和损耗，一般不予调整。

表 2-2　灌注桩充盈系数、材料损耗表

项目	充盈系数	损耗率（%）
沉管灌注混凝土桩	1.10	1.00
沉管灌注混凝土复桩	1.05	1.00
混凝土沉管夯扩灌注桩	1.10	1.00
混凝土钻孔灌注桩	1.15	1.00
混凝土挖孔灌注桩	1.05	1.00

注：人工挖孔混凝土灌注桩，如不用护壁、直接浇灌桩身混凝土、充盈系数按 1.15 计算。

9. 设计文件中混凝土强度、等级和水泥掺入比与定额不同时，可按设计文件调整，其他不变。

10. 沉管灌注混凝土桩、夯扩灌注桩系按无桩尖施工法编制定额，如采用桩尖施工时，按相应定额计算。

11. 钻(挖)孔灌注混凝土桩的项目未考虑砖砌泥浆池，实际发生时，按相应定额计算。

12. 钻孔灌注混凝土桩（螺旋钻孔桩除外）项目已综合泥浆护壁人工、材料和机械，如地质条件许可，无需泥浆护壁，应扣除定额内的黏土、水和泥浆泵含量，人工、机械乘系数 0.9 计算。

13. 预制方桩包角钢、钢板接桩可按设计文件要求调整钢材含量，其他不变。胶泥接桩可按桩截面 0.16 m²/根比例调整胶泥含量，其他不变。

14. 湖（河）堤打桩项目未包括支架和船及水上运输费用，实际发生时另行计算。

工程量计算规则

一、地基处理

1.掺石灰、掺土、砂石，加固地基按设计图示尺寸，以体积计算。

2.袋装砂井、塑料排水板插板处理弹软土基按设计图示尺寸，以长度计算。

3.土工布处理加固地基按设计图示尺寸，以面积计算。

4.地基强夯按设计图示处理范围，以面积计算。

二、复合地基

1.沉管灌注砂石桩按钢管的外径截面面积乘以设计桩长(不包括桩尖)，以体积计算。

2.深层搅拌桩按设计桩截面乘以桩长，以体积计算。空搅按设计桩截面乘以地面至桩顶长度，以体积计算。

3.灰土挤密桩按设计桩截面乘以桩长，以体积计算。

4.振冲（钻孔压浆）碎石桩按设计桩截面乘以桩长，以体积计算。

5.压密注浆：

（1）压密注浆钻孔按设计图示尺寸，以长度计算。

（2）压密注浆按设计图示尺寸，以加固体积计算。

6.高压旋喷水泥桩：

（1）高压旋喷水泥桩钻孔按设计图示尺寸，以长度计算。

（2）高压旋喷水泥桩喷浆按设计桩截面乘以桩长，以体积计算。

7.水泥粉煤灰碎石(CFG)桩按设计桩截面乘以桩长，以体积计算。

三、基坑围护工程

1.地下连续墙：

（1）导墙开挖按设计长度乘以开挖宽度及深度，以体积计算。导墙混凝土浇注按设计图示尺寸，以体积计算。

（2）地下连续墙混凝土浇注　按设计图示尺寸，以体积计算。泥浆量以地下连续墙开挖尺寸，以体积计算。

（3）连续墙接头管、清底置换按分段施工的槽壁单元以"段"计算。

（4）地下连续墙钢筋制作按设计图示尺寸，以质量计算。安装区分不同深度，以质量计算。

2.围护桩：

（1）劲性围护桩 按设计图示尺寸，以体积计算。型钢按设计图示尺寸，以质量计算。

（2）钻孔咬合灌注混凝土桩按设计图示尺寸，以体积计算。（导墙执行地下连续墙规定）

（3）打拉森式钢板桩按设计图示尺寸，以质量计算。

（4）打、拔型钢桩按设计图示数量计算。

（5）钢板桩切割、焊接按切割、焊接断面以"个"计算。

四、基坑支护工程

1. 锚杆(土钉)制作安装按设计图示尺寸，以质量计算。

2. 锚杆(土钉)钻孔注浆按设计图示尺寸，以钻孔深度计算。

3. 坡面喷射混凝土护坡按设计图示尺寸，以面积计算。

4. 锚头制安、张拉、锁定按设计图示数量计算。

5. 钢筋网按设计图示尺寸，以质量计算。

6. 钢支撑按设计图示尺寸，以质量计算。

五、基础垫层按设计图示尺寸，以体积计算。

六、桩尖制作

1. 预制钢筋混凝土桩尖制作及埋设按设计使用桩尖数量计算。

2. 钢桩尖制作安装按设计图示尺寸，以质量计算。

七、打、压(送)预制钢筋混凝土桩

1. 打、压预制钢筋混凝土桩按设计图示截面积乘以桩长（包括桩尖），以体积计算；离心桩的空心体积应扣除、离心桩的空心部分设计要求灌注混凝土或其他填充材料时，另行计算。

2. 送预制钢筋混凝土桩按设计图示截面积乘以送桩长度，以体积计算(空心体积应扣除)。

八、打(送)钢管桩

1. 打钢管桩按设计图示尺寸，以质量计算。

2. 送钢管桩按送桩设计图示尺寸，以质量计算。

3. 钢管桩切割按设计切割数量计算，精割盖帽以"只"计算。

4. 钢管桩管内取土、填心按设计取土（填土）体积计算。

九、预制桩、离心桩、钢管桩接桩按接头数量计算。

十、沉管式灌注混凝土桩

1. 单打沉管灌注混凝土桩按设计图示桩长（包括桩尖，不扣除虚体积）乘以标准管的外径截面积，以体积计算。

2. 复打沉管灌注混凝土桩按单打体积乘以复打次数，以体积计算。

3. 夯扩灌注混凝土桩按设计图示桩长(包括桩尖，不扣除虚体积)乘以标准管的外径截面面积，再加投料长度乘以标准管的内径截面面积，以体积计算。

十一、钻(挖)孔灌注混凝土桩

1. 埋设钢护筒按埋设深度计算。

2. 灌注混凝土桩成孔按设计图示尺寸从自然地面至桩底，以体积计算。

3. 灌注混凝土桩入岩增加费按入岩深度乘以设计桩截面面积，以体积计算。

6. 挖孔灌注混凝土桩护壁按设计图示尺寸从自然地面至扩大头处(或桩底)，以体积计算。

7. 钻（挖）孔灌注混凝土桩桩身混凝土浇筑按设计图示截面积乘以桩长，以体积计算。

9. 钻（挖)孔灌注混凝土桩后注浆：

（1） 注浆管、声测管埋设按设计桩长加 20cm，以长度计算。

（2） 桩后注浆按实际注入水泥用量，以质量计算。

10. 钻孔灌注混凝土桩泥浆运输按钻孔体积计算。

11. 钻(挖)孔灌注桩钢筋笼制安及护壁钢筋：

（1） 钢筋笼制作及护壁钢筋制作安装按设计图示尺寸，以质量计算。

（2） 钢筋笼安装区分不同桩长，按安装数量计算。

十二、支架和船上打桩

1. 打圆木桩:按图示尺寸，以体积计算。

2. 打木板桩:按图示尺寸，以体积计算。

3. 打、压预制钢筋混凝土桩按设计图示截面积乘以桩长（包括桩尖），以体积计算；管桩的空心体积应扣除、管桩的空心部分设计要求灌注混凝土或其他填充材料的，另行计算。

一、地基处理

1.加固地基

(1)换填灰土加固地基

工作内容：机械灰土拌和、摊铺、找平、洒水、碾压或夯实。　　　　　　　　计量单位：10m³

定　额　编　号				G2-1
项　目　名　称				机填机压灰土
				石灰含量6%
				加固地基
基　　　　价（元）				540.14
其中	人　工　费（元）			18.20
	材　料　费（元）			377.08
	机　械　费（元）			144.86
名　　　称	单位	单价(元)	消　　耗　　量	
人工	综合工日	工日	140.00	0.130
材料	生石灰	t	320.00	1.151
	水	m³	7.96	1.100
机械	钢轮内燃压路机 8t	台班	404.39	0.050
	履带式单斗液压挖掘机 1m³	台班	1142.21	0.050
	履带式推土机 105kW	台班	1013.16	0.050
	洒水车 4000L	台班	468.64	0.036

(2)换填砂石加固地基

工作内容：人工填砂石、机械振实砂石，机械压实砂石。推土机推填砂石、压路机分层碾压；推土机推填砂石、挤走淤泥、压路机分层碾压砂石。

计量单位：10m³

定 额 编 号				G2-2	G2-3	G2-4	G2-5
项 目 名 称				换填砂石加固地基			
				人填		机填	
				机振砂石	机压砂石		
				一般软土			淤泥
基 价 （元）				2204.71	2376.23	2082.61	2142.13
其中	人 工 费 （元）			268.80	326.06	8.12	9.10
	材 料 费 （元）			1924.08	2019.55	2019.55	2015.17
	机 械 费 （元）			11.83	30.62	54.94	117.86
名 称		单位	单价（元）	消 耗 量			
人工	综合工日	工日	140.00	1.920	2.329	0.058	0.065
材料	水	m³	7.96	3.000	1.100	1.100	0.550
	碎石 40	t	106.80	13.280	14.054	14.054	14.054
	中(粗)砂	t	87.00	5.508	5.829	5.829	5.829
	其他材料费	元	1.00	2.700	2.700	2.700	2.700
机械	电动夯实机 250N·m	台班	26.28	0.450	—	—	—
	钢轮内燃压路机 8t	台班	404.39	—	0.034	0.034	—
	履带式推土机 105kW	台班	1013.16	—	—	0.024	0.108
	洒水车 4000L	台班	468.64	—	0.036	0.036	0.018

(3)掺干土加固地基

工作内容：挖土、掺干土改换、整平、分层夯实、找平。 计量单位：10m³

定 额 编 号				G2-6	
项 目 名 称				掺干土加固软土地基	
基 价（元）				275.12	
其中	人 工 费（元）			14.00	
	材 料 费（元）			173.80	
	机 械 费（元）			87.32	
名 称		单位	单价（元）	消 耗 量	
人工	综合工日	工日	140.00	0.100	
材料	黄土	m³	22.00	7.900	
机械	钢轮内燃压路机 15t	台班	604.11	0.050	
	履带式单斗液压挖掘机 1m³	台班	1142.21	0.050	

注：黄土如为就地取材，不应计算价格。

61

(4)掺水泥加固地基

工作内容：挖土、掺水泥改换、找平、分层碾压。

计量单位：10m³

	定 额 编 号			G2-7	G2-8
	项 目 名 称			掺水泥加固地基	
				稳定土拌和机	拖拉机犁拌
				含灰量3%	
				弹软土	
	基 价 （元）			203.68	321.34
其中	人 工 费 （元）			9.24	119.56
	材 料 费 （元）			150.57	150.57
	机 械 费 （元）			43.87	51.21
	名 称	单位	单价(元)	消 耗	量
人工	综合工日	工日	140.00	0.066	0.854
材料	水泥 32.5级	t	290.60	0.514	0.514
	其他材料费	元	1.00	1.200	1.200
机械	钢轮内燃压路机 15t	台班	604.11	0.027	0.027
	履带式单斗液压挖掘机 1m³	台班	1142.21	0.014	0.015
	履带式拖拉机 75kW	台班	826.10	0.014	—
	稳定土拌和机 230kW	台班	1184.49	—	0.015

(5)袋装砂井处理弹软土基

工作内容：带门架：轨道铺拆、装砂袋、定位、打钢管、下砂袋、拔钢管、门架桩机移位。
　　　　　不带门架：轨道铺拆、装砂袋、定位、打钢管、下砂袋、拔钢管、起重机、桩机移位。

计量单位：10m

定 额 编 号				G2-9	G2-10
项 目 名 称				袋装砂井处理弹软土基	
				袋装砂井机	
				带门架	不带门架
				袋宽12.5cm	
基 价（元）				79.87	81.06
其中	人 工 费（元）			8.96	8.40
	材 料 费（元）			52.20	47.16
	机 械 费（元）			18.71	25.50
名 称		单位	单价（元）	消 耗 量	
人工	综合工日	工日	140.00	0.064	0.060
材料	钢轨	t	3435.00	0.001	—
	尼龙编织砂井袋	m	3.50	11.550	11.550
	铁件	kg	4.19	0.083	—
	枕木	m³	1230.77	0.001	—
	中(粗)砂	t	87.00	0.077	0.077
	其他材料费	元	1.00	0.065	0.036
机械	袋装砂井机不带门架 7.5kW	台班	517.57	—	0.020
	袋装砂井机带门架 20kW	台班	584.68	0.032	—
	履带式起重机 15t	台班	757.48	—	0.020

注：本定额砂井直径按70mm计算，砂井直径不同时可按砂井截面积的比例调整中(粗)砂用量，其他不变。

(6)塑料排水板插板处理弹软土基

工作内容：带门架：轨道铺拆、定位、穿塑料排水板、安装桩靴、打拔钢管、剪断排水板、门架桩机移位。

不带门架：轨道铺拆、定位、穿塑料排水板、安装桩靴、打拔钢管、剪断排水板、起重机、桩机移位。

计量单位：10m

定　额　编　号				G2-11	G2-12
项　目　名　称				塑料排水板插板处理弹软土基	
				袋装砂井机	
				带门架	不带门架
基　　　价（元）				40.48	45.18
其中	人　工　费（元）			7.00	8.40
	材　料　费（元）			18.86	13.83
	机　械　费（元）			14.62	22.95
名　　　称		单位	单价（元）	消　　耗　　量	
人工	综合工日	工日	140.00	0.050	0.060
材料	钢轨	t	3435.00	0.001	—
	塑料排水板（带板）	m	1.28	10.710	10.710
	铁件	kg	4.19	0.083	—
	枕木	m³	1230.77	0.001	—
	其他材料费	元	1.00	0.140	0.120
机械	袋装砂井机不带门架 7.5kW	台班	517.57	—	0.018
	袋装砂井机带门架 20kW	台班	584.68	0.025	—
	履带式起重机 15t	台班	757.48		0.018

(7)土工合成材料处理地基

工作内容：1.清理整平地基、挖填锚固沟、铺设土工布、缝合及锚固土工布；
2.清理整平地基、挖填锚固沟、铺设土工布格栅；
3.清理整平地基、挖填锚固沟、铺设塑料排水板、铺设土工布、缝合及锚固土工布。

计量单位：10m²

定 额 编 号				G2-13	G2-14
项 目 名 称				土工布	
				处理地基	
				一般软土	淤泥
基 价（元）				32.28	42.14
其中	人 工 费（元）			4.20	7.70
	材 料 费（元）			28.08	34.44
	机 械 费（元）			—	—
名 称		单位	单价(元)	消 耗	量
人工	综合工日	工日	140.00	0.030	0.055
材料	片石	t	65.00	—	0.106
	土工布	m²	2.43	11.152	11.152
	圆钉	kg	5.13	0.109	—
	其他材料费	元	1.00	0.420	0.450

工作内容：1. 清理整平地基、挖填锚固沟、铺设土工布、缝合及锚固土工布；
　　　　　2. 清理整平地基、挖填锚固沟、铺设土工布格栅；
　　　　　3. 清理整平地基、挖填锚固沟、铺设塑料排水板、铺设土工布、缝合及锚固土工布。

计量单位：10m²

定　额　编　号				G2-15	G2-16
项　目　名　称				土工格栅	土工布塑料排水板
				处理地基	
				一般软土	
基　　　价（元）				100.74	128.93
其中	人　工　费（元）			4.20	6.30
	材　料　费（元）			96.54	122.63
	机　械　费（元）			—	—
名　　　称	单位	单价（元）	消　　耗　　量		
人工	综合工日	工日	140.00	0.030	0.045
材料	塑料排水板	m²	8.50	10.946	11.100
	土工布	m²	2.43	—	11.100
	土工格栅	m²	9.83	0.324	—
	其他材料费	元	1.00	0.310	1.310

66

2. 强夯地基

工作内容：机具准备、夯击、夯锤移位、施工场地平整、资料记录。　　　　　　　　　　计量单位：100㎡

定　额　编　号				G2-17	G2-18
项　目　名　称				夯击能120t·m以内	
				7夯点	
				4击	每增1击
基　　　　价（元）				566.40	98.80
其中	人　工　费（元）			143.92	22.40
	材　料　费（元）			—	—
	机　械　费（元）			422.48	76.40
名　　称		单位	单价（元）	消　　耗　　量	
人工	综合工日	工日	140.00	1.028	0.160
机械	履带式推土机 135kW	台班	1174.27	0.165	0.030
	强夯机械 1200kN·m	台班	914.89	0.250	0.045

工作内容：机具准备、夯击、夯锤移位、施工场地平整、资料记录。　　　　　　　计量单位：100m²

定　额　编　号			G2-19	G2-20
项　目　名　称			夯击能120t·m以内	
			4夯点	
			4击	每增1击
基　　　　价（元）			294.56	54.31
其中	人　工　费（元）		77.00	11.48
	材　料　费（元）		—	—
	机　械　费（元）		217.56	42.83
名　　　称	单位	单价(元)	消　　　耗　　　量	
人工	综合工日	工日	140.00	0.550	0.082
机械	履带式推土机 135kW	台班	1174.27	0.091	0.017
	强夯机械 1200kN·m	台班	914.89	0.121	0.025

工作内容：机具准备、夯击、夯锤移位、施工场地平整、资料记录。　　　　　　　　　　计量单位：100m²

定　额　编　号					G2-21
项　目　名　称					夯击能120t·m以内
					低锤满拍
基　　　　价（元）					904.62
其中	人　工　费（元）				226.80
	材　料　费（元）				—
	机　械　费（元）				677.82
名　　　称		单位	单价(元)	消　　耗　　量	
人工	综合工日	工日	140.00	1.620	
机械	履带式推土机 135kW	台班	1174.27	0.250	
	强夯机械 1200kN·m	台班	914.89	0.420	

工作内容：机具准备、夯击、夯锤移位、施工场地平整、资料记录。　　　　　　　　　　计量单位：100㎡

定　额　编　号				G2-22	G2-23
项　目　名　称				夯击能200t·m以内	
				7夯点	
				4击	每增1击
基　　　　价（元）				721.14	128.20
其中	人　工　费（元）			172.62	27.72
	材　料　费（元）			—	—
	机　械　费（元）			548.52	100.48
名　　称		单位	单价(元)	消　　耗　　量	
人工	综合工日	工日	140.00	1.233	0.198
机械	履带式推土机 135kW	台班	1174.27	0.191	0.035
	强夯机械 2000kN·m	台班	1187.67	0.273	0.050

70

工作内容：机具准备、夯击、夯锤移位、施工场地平整、资料记录。　　　　　　　　计量单位：100m²

定　额　编　号				G2-24	G2-25
项　目　名　称				夯击能200t·m以内	
				4夯点	
				4击	每增1击
基　　　　价（元）				413.81	70.60
其中	人　工　费（元）			97.02	13.86
	材　料　费（元）			—	—
	机　械　费（元）			316.79	56.74
名　　　称		单位	单价（元）	消　　耗　　量	
人工	综合工日	工日	140.00	0.693	0.099
机械	履带式推土机 135kW	台班	1174.27	0.112	0.020
	强夯机械 2000kN·m	台班	1187.67	0.156	0.028

工作内容：机具准备、夯击、夯锤移位、施工场地平整、资料记录。　　　　　　计量单位：100㎡

定　额　编　号	G2-26
项　目　名　称	夯击能200t·m以内
	低锤满拍
基　　价（元）	1090.46

其中	人　工　费（元）	257.04
	材　料　费（元）	—
	机　械　费（元）	833.42

	名　　称	单位	单价（元）	消　　耗　　量
人工	综合工日	工日	140.00	1.836
机械	履带式推土机 135kW	台班	1174.27	0.290
	强夯机械 2000kN·m	台班	1187.67	0.415

72

工作内容：机具准备、夯击、夯锤移位、施工场地平整、资料记录。　　　　　　　　计量单位：100m²

定　额　编　号				G2-27	G2-28
项　目　名　称				夯击能300t·m以内	
				7夯点	
				4击	每增1击
基　　　　　价（元）				842.23	152.95
其中	人　工　费（元）			182.00	29.12
	材　料　费（元）			—	—
	机　械　费（元）			660.23	123.83
名　　　称		单位	单价（元）	消　耗　量	
人工	综合工日	工日	140.00	1.300	0.208
机械	履带式推土机 135kW	台班	1174.27	0.200	0.038
	强夯机械 3000kN·m	台班	1466.82	0.290	0.054

工作内容：机具准备、夯击、夯锤移位、施工场地平整、资料记录。 计量单位：100㎡

定 额 编 号					G2-29	G2-30
项 目 名 称					夯击能300t·m以内	
					4夯点	
					4击	每增1击
基 价（元）					473.90	88.11
其中	人 工 费（元）				100.94	16.80
	材 料 费（元）				—	—
	机 械 费（元）				372.96	71.31
名 称		单位	单价（元）		消 耗 量	
人工	综合工日	工日	140.00		0.721	0.120
机械	履带式推土机 135kW	台班	1174.27		0.114	0.022
	强夯机械 3000kN·m	台班	1466.82		0.163	0.031

工作内容：机具准备、夯击、夯锤移位、施工场地平整、资料记录。　　　　　　计量单位：100m²

定　额　编　号	G2-31
项　目　名　称	夯击能300t·m以内
	低锤满拍
基　　　　价（元）	1263.08

其中	人　工　费（元）	278.60
	材　料　费（元）	—
	机　械　费（元）	984.48

名　　称	单位	单价（元）	消　　耗　　量
人工	综合工日	工日	140.00	1.990
机械	履带式推土机 135kW	台班	1174.27	0.300
	强夯机械 3000kN·m	台班	1466.82	0.431

工作内容：机具准备、夯击、夯锤移位、施工场地平整、资料记录。   计量单位：100m²

定　额　编　号				G2-32	G2-33
项　目　名　称				夯击能400t·m以内	
				7夯点	
				4击	每增1击
基　　　　价（元）				1278.50	265.96
其中	人　工　费（元）			262.92	52.92
	材　料　费（元）			—	—
	机　械　费（元）			1015.58	213.04
	名　　　　称	单位	单价(元)	消　　耗　　量	
人工	综合工日	工日	140.00	1.878	0.378
机械	履带式推土机 135kW	台班	1174.27	0.286	0.060
	强夯机械 4000kN·m	台班	1657.90	0.410	0.086

76

工作内容：机具准备、夯击、夯锤移位、施工场地平整、资料记录。 计量单位：100㎡

定 额 编 号			G2-34	G2-35
项 目 名 称			夯击能400t·m以内	
			4夯点	
			4击	每增1击
基 价（元）			751.33	103.17
其中	人 工 费（元）		170.80	29.40
	材 料 费（元）		—	—
	机 械 费（元）		580.53	73.77
名 称	单位	单价（元）	消 耗 量	
人工 综合工日	工日	140.00	1.220	0.210
机械 履带式推土机 135kW	台班	1174.27	0.164	0.036
强夯机械 4000kN·m	台班	1657.90	0.234	0.019

工作内容：机具准备、夯击、夯锤移位、施工场地平整、资料记录。　　　　　　　　　计量单位：100㎡

定　额　编　号	G2-36
项　目　名　称	夯击能400t·m以内
	低锤满拍
基　　　　价（元）	1690.41

其中	人　工　费（元）	320.60
	材　料　费（元）	—
	机　械　费（元）	1369.81

	名　　称	单位	单价(元)	消　　耗　　量
人工	综合工日	工日	140.00	2.290
机械	履带式推土机 135kW	台班	1174.27	0.390
	强夯机械 4000kN·m	台班	1657.90	0.550

工作内容：机具准备、夯击、夯锤移位、施工场地平整、资料记录。 计量单位：100㎡

定 额 编 号				G2-37	G2-38
项 目 名 称				夯击能500t·m以内	
				7夯点	
				4击	每增1击
基 价（元）				1466.64	305.32
其中	人 工 费（元）			283.92	57.12
	材 料 费（元）			—	—
	机 械 费（元）			1182.72	248.20
名 称		单位	单价（元）	消 耗	量
人工	综合工日	工日	140.00	2.028	0.408
机械	履带式推土机 135kW	台班	1174.27	0.310	0.065
	强夯机械 5000kN·m	台班	1848.07	0.443	0.093

工作内容：机具准备、夯击、夯锤移位、施工场地平整、资料记录。　　　　　　计量单位：100m²

定　额　编　号			G2-39	G2-40
项　目　名　称			夯击能500t·m以内	
			4夯点	
			4击	每增1击
基　　　价（元）			836.69	162.23
其中	人　工　费（元）		161.28	31.92
	材　料　费（元）		—	—
	机　械　费（元）		675.41	130.31
名　　称	单位	单价（元）	消　　耗　　量	
人工	综合工日	工日	140.00	1.152	0.228
机械	履带式推土机 135kW	台班	1174.27	0.177	0.037
	强夯机械 5000kN·m	台班	1848.07	0.253	0.047

工作内容：机具准备、夯击、夯锤移位、施工场地平整、资料记录。　　　　　　计量单位：100㎡

定　额　编　号	G2-41
项　目　名　称	夯击能500t·m以内
	低锤满拍
基　　　价（元）	1893.53

其中	人　工　费（元）	340.20
	材　料　费（元）	—
	机　械　费（元）	1553.33

	名　　称	单位	单价（元）	消　　耗　　量
人工	综合工日	工日	140.00	2.430
机械	履带式推土机 135kW	台班	1174.27	0.410
	强夯机械 5000kN·m	台班	1848.07	0.580

3. 复合地基

(1) 沉管灌注砂石桩

工作内容：准备机具、桩机移位、沉管打孔、运输灌注砂石、拔管等。　　　　　　计量单位：10m³

定　额　编　号				G2-42	G2-43
项　目　名　称				打桩机灌注砂石桩	
				桩长(m)	
				10以内	10以外
基　　　　价（元）				3674.89	3355.03
其中	人　工　费（元）			743.26	596.40
	材　料　费（元）			2199.75	2171.88
	机　械　费（元）			731.88	586.75
名　　称		单位	单价（元）	消　耗　　量	
人工	综合工日	工日	140.00	5.309	4.260
材料	金属周转材料	kg	6.80	6.350	6.350
	碎石 20～40	t	106.80	14.959	14.764
	硬木成材	m³	1280.00	0.015	0.015
	中(粗)砂	t	87.00	6.204	6.123
机械	轨道式柴油打桩机 2.5t	台班	1020.30	0.590	0.473
	机动翻斗车 1t	台班	220.18	0.590	0.473

工作内容：准备机具、桩机移位、沉管打孔、运输灌注砂石、拔管等。 计量单位：10m³

定　额　编　号				G2-44	G2-45
项　目　名　称				打桩机灌注碎石桩	
				桩长(m)	
				10以内	10以外
基　　　　价（元）				3274.22	2975.01
其中	人　工　费（元）			706.16	566.58
	材　料　费（元）			1873.39	1850.21
	机　械　费（元）			694.67	558.22
	名　　称	单位	单价（元）	消　　耗　　量	
人工	综合工日	工日	140.00	5.044	4.047
材料	金属周转材料	kg	6.80	6.350	6.350
	碎石 20～40	t	106.80	16.957	16.740
	硬木成材	m³	1280.00	0.015	0.015
机械	轨道式柴油打桩机 2.5t	台班	1020.30	0.560	0.450
	机动翻斗车 1t	台班	220.18	0.560	0.450

工作内容：准备机具、桩机移位、沉管打孔、运输灌注砂石、拔管等。　　　　　　　　　　计量单位：10m³

定　额　编　号				G2-46	G2-47
项　目　名　称				打桩机灌注砂桩	
				桩长(m)	
				10以内	10以外
基　　　价（元）				2879.76	2582.55
其中	人　工　费（元）			700.00	560.00
	材　料　费（元）			1490.05	1471.78
	机　械　费（元）			689.71	550.77
名　　　称		单位	单价(元)	消　　　耗　　　量	
人工	综合工日	工日	140.00	5.000	4.000
材料	金属周转材料	kg	6.80	6.350	6.350
	硬木成材	m³	1280.00	0.015	0.015
	中(粗)砂	t	87.00	16.410	16.200
机械	轨道式柴油打桩机 2.5t	台班	1020.30	0.556	0.444
	机动翻斗车 1t	台班	220.18	0.556	0.444

84

(2)深层搅拌桩
①喷浆搅拌桩

工作内容：桩机移位、钻进、喷浆搅拌、记录、挖排污沟等。 计量单位：10m³

定　额　编　号				G2-48	G2-49	G2-50
项　目　名　称				喷浆搅拌桩		
				双轴式深层搅拌机		
				一喷二搅	二喷四搅	空搅
基　　　价（元）				1059.67	1200.93	162.62
其中	人　工　费（元）			265.30	339.36	112.00
	材　料　费（元）			690.45	690.45	—
	机　械　费（元）			103.92	171.12	50.62
名　　称		单位	单价（元）	消	耗	量
人工	综合工日	工日	140.00	1.895	2.424	0.800
材料	高压水管	m	19.50	0.700	0.700	—
	水	m³	7.96	5.000	5.000	—
	水泥 32.5级	t	290.60	2.192	2.192	—
机械	灰浆搅拌机 200L	台班	215.26	0.185	0.303	—
	挤压式灰浆输送泵 3m³/h	台班	228.02	0.092	0.152	—
	深层搅拌机 双轴式	台班	468.66	0.092	0.152	0.108

工作内容：桩机移位、钻进、喷浆搅拌、记录、挖排污沟等。　　　　　　　　计量单位：10m³

定　额　编　号				G2-51	G2-52	G2-53
项　目　名　称				喷浆搅拌桩		
				单轴式深层搅拌机		
				一喷二搅	二喷四搅	空搅
基　　　价（元）				1164.89	1553.04	225.41
其中	人　工　费（元）			272.44	495.32	162.40
	材　料　费（元）			690.45	690.45	—
	机　械　费（元）			202.00	367.27	63.01
名　　　称		单位	单价（元）	消	耗	量
人工	综合工日	工日	140.00	1.946	3.538	1.160
材料	高压水管	m	19.50	0.700	0.700	—
	水	m³	7.96	5.000	5.000	—
	水泥 32.5级	t	290.60	2.192	2.192	—
机械	灰浆搅拌机 200L	台班	215.26	0.369	0.672	—
	挤压式灰浆输送泵 3m³/h	台班	228.02	0.185	0.336	—
	深层搅拌机 单轴式	台班	434.53	0.185	0.336	0.145

②喷粉搅拌桩

工作内容：桩机移位、钻进、喷浆搅拌、记录、挖排污沟等。

计量单位：10m³

定　额　编　号				G2-54	G2-55	G2-56
项　目　名　称				喷粉搅拌桩		
				喷粉钻机		
				一喷二搅	二喷四搅	空搅
基　　　价（元）				1103.35	1281.85	157.02
其中	人　工　费（元）			181.44	288.96	100.80
	材　料　费（元）			802.13	802.13	—
	机　械　费（元）			119.78	190.76	56.22
名　　称		单位	单价（元）	消	耗	量
人工	综合工日	工日	140.00	1.296	2.064	0.720
材料	高压胶管	m	8.00	0.700	0.700	—
	水泥 32.5级	t	290.60	2.741	2.741	—
机械	粉喷桩机	台班	624.62	0.162	0.258	0.090
	灰气联合泵 3.5m³/h	台班	114.76	0.162	0.258	—

（3）灰土挤密桩

工作内容：1.准备机具、移动桩架、成孔、灌注碎石、振实；
2.准备机具、移动桩架、成孔、灌注碎石、振实、压浆。

计量单位：10m³

定　额　编　号				G2-57	G2-58
项　目　名　称				灰土挤密桩	
				桩长(m)	
				6以内	12以内
基　　　　价（元）				2848.67	2560.41
其中	人　工　费（元）			722.40	576.80
	材　料　费（元）			1415.47	1415.47
	机　械　费（元）			710.80	568.14
名　　　称		单位	单价(元)	消　　耗　　量	
人工	综合工日	工日	140.00	5.160	4.120
材料	垫层 3：7灰土	m³	109.97	11.000	11.000
	垫木	m³	2350.00	0.070	0.070
	桩管摊销	kg	10.00	4.130	4.130
机械	轨道式柴油打桩机 2.5t	台班	1020.30	0.573	0.458
	机动翻斗车 1t	台班	220.18	0.573	0.458

（4）振冲，钻孔压浆碎石桩

工作内容：1.准备机具、移动桩架、成孔、灌注碎石、振实；
2.准备机具、移动桩架、成孔、灌注碎石、振实、压浆。

计量单位：10m³

定　额　编　号				G2-59	G2-60
项　目　名　称				振冲碎石桩	钻孔压浆碎石桩
基　　　　价（元）				4308.01	6443.70
其中	人　工　费（元）			672.00	1092.00
	材　料　费（元）			2423.91	4179.48
	机　械　费（元）			1212.10	1172.22
名　　　称		单位	单价(元)	消　　耗　　量	
人工	综合工日	工日	140.00	4.800	7.800
材料	金属材料	kg	6.80	1.580	6.355
	水	m³	7.96	27.400	27.400
	水泥 42.5级	t	334.00	—	4.908
	塑料薄膜	m²	3.50	—	18.500
	塑料管	m	1.50	—	12.720
	碎石 20～40	t	106.80	20.553	20.553
机械	步履式电动打桩机 60kW	台班	1024.76	—	0.650
	电动振动机 30kW	台班	1042.51	0.600	—
	灰浆搅拌机 200L	台班	215.26	—	0.650
	机动翻斗车 1t	台班	220.18	0.600	—
	轮胎式装载机 1m³	台班	552.23	—	0.650
	履带式起重机 15t	台班	757.48	0.600	—
	气动灌浆机	台班	11.17	—	0.650

(5)压密注浆

工作内容：钻孔、下注浆管、注浆、排水、排污。　　　　　　　　　　　计量单位：10m

定　额　编　号				G2-61	
项　目　名　称				压密注浆	
				钻孔	
基　　　　　价（元）				323.04	
其中	人　工　费（元）			231.00	
	材　料　费（元）			36.60	
	机　械　费（元）			55.44	
名　　　　称		单位	单价(元)	消　　耗　　量	
人工	综合工日	工日	140.00	1.650	
材料	注浆管	kg	4.60	7.956	
机械	振动沉管设备	台班	175.99	0.315	

工作内容：钻孔、下注浆管、注浆、排水、排污。 计量单位：10m³

定　额　编　号	G2-62
项　目　名　称	压密注浆
	注浆
基　　　价（元）	1093.86

其中	人　工　费（元）	490.00
	材　料　费（元）	311.58
	机　械　费（元）	292.28

	名　　称	单位	单价（元）	消　　耗　　量
人工	综合工日	工日	140.00	3.500
材料	磨细粉煤灰	t	60.00	0.680
	水玻璃	kg	1.62	2.400
	水泥 32.5级	t	290.60	0.790
	其他材料费	元	1.00	37.320
机械	灰浆搅拌机 200L	台班	215.26	0.350
	双液压注浆泵 PH2×5	台班	387.14	0.350
	振动沉管设备	台班	175.99	0.350
	其他机械费	元	1.00	19.840

(6)高压旋喷水泥桩

工作内容：1.钻孔：固定孔位、泥浆制备、运送、固壁、记录、孔位转移；
2.喷浆：台车就位、安装孔口、接管路、喷射灌浆、管路冲洗、回灌、场地清理。

计量单位：10m

定　额　编　号				G2-63
项　目　名　称				旋喷桩
				钻孔
基　　　价（元）				221.81
其中	人　工　费（元）			106.40
	材　料　费（元）			9.52
	机　械　费（元）			105.89
名　　称		单位	单价（元）	消　　耗　　量
人工	综合工日	工日	140.00	0.760
材料	水	m³	7.96	1.190
	其他材料费	元	1.00	0.050
机械	工程地质液压钻机	台班	706.92	0.095
	灰浆搅拌机 200L	台班	215.26	0.095
	泥浆泵 100mm	台班	192.40	0.095

工作内容：1.钻孔：固定孔位、泥浆制备、运送、固壁、记录、孔位转移；
　　　　　2.喷浆：台车就位、安装孔口、接管路、喷射灌浆、管路冲洗、回灌、场地清理。

计量单位：10m³

定　额　编　号			G2-64	G2-65	G2-66
项　目　名　称			旋喷桩		
			高压旋喷灌浆		
			单管	双重管	三重管
基　　价（元）			81347.82	2618.92	2803.82
其中	人　工　费（元）		371.84	398.72	430.08
	材　料　费（元）		1948.61	1948.61	1948.61
	机　械　费（元）		79027.37	271.59	425.13
名　　　称	单位	单价（元）	消	耗	量
人工	综合工日	工日	140.00	2.656	2.848	3.072
材料	促进剂 QT	kg	3.00	94.000	94.000	94.000
	磨细粉煤灰	t	60.00	1.176	1.176	1.176
	水泥 42.5级	t	334.00	4.720	4.720	4.720
	其他材料费	元	1.00	19.570	19.570	19.570
机械	电动单级离心清水泵 100mm	台班	33.35	10.130	0.199	0.256
	电动空气压缩机 6m³/min	台班	206.73	—	—	0.256
	灰浆搅拌机 200L	台班	215.26	24.930	0.199	—
	灰浆搅拌机 400L	台班	221.30	—	—	0.256
	交流弧焊机 32kV·A	台班	83.14	—	—	0.256
	泥浆泵 100mm	台班	192.40	37.420	0.199	0.256
	旋喷桩机 800mm	台班	629.73	81.360	0.199	0.256
	液压注浆泵 HYB50/50-1型	台班	294.01	50.640	0.199	0.256

(7)水泥粉煤灰碎石(CFG)桩

工作内容：1.钻孔：固定孔位、泥浆制备、运送、固壁、记录、孔位转移；
 2.喷浆：台车就位、安装孔口、接管路、喷射灌浆、管路冲洗、回灌、场地清理。

计量单位：10m³

定　额　编　号				G2-67	G2-68
项　目　名　称				水泥粉煤灰碎石桩	
				钻孔成孔	
				桩长(m)	
				10以内	10以外
基　　　价（元）				5637.72	5142.54
其中	人　工　费（元）			1592.50	1353.66
	材　料　费（元）			2757.11	2694.17
	机　械　费（元）			1288.11	1094.71
名　　称		单位	单价（元）	消　耗　　量	
人工	综合工日	工日	140.00	11.375	9.669
材料	水	m³	7.96	3.000	2.932
	水泥粉煤灰碎石混合料(成品)	m³	230.00	11.783	11.514
	铁件	kg	4.19	5.522	5.396
机械	混凝土输送泵 8m³/h	台班	440.17	0.602	0.512
	螺旋钻机 800mm	台班	809.44	1.264	1.074

94

工作内容：1. 钻孔：固定孔位、泥浆制备、运送、固壁、记录、孔位转移；
2. 喷浆：台车就位、安装孔口、接管路、喷射灌浆、管路冲洗、回灌、场地清理。

计量单位：10m³

定 额 编 号				G2-69	G2-70
项 目 名 称				水泥粉煤灰碎石桩	
				沉管成孔	
				桩长(m)	
				10以内	10以外
基 价 （元）				5279.65	4838.31
其中	人 工 费 （元）			1640.24	1394.26
	材 料 费 （元）			2757.11	2694.17
	机 械 费 （元）			882.30	749.88
名 称		单位	单价（元）	消 耗 量	
人工	综合工日	工日	140.00	11.716	9.959
材料	水	m³	7.96	3.000	2.932
	水泥粉煤灰碎石混合料(成品)	m³	230.00	11.783	11.514
	铁件	kg	4.19	5.522	5.396
机械	轨道式柴油打桩机 5t	台班	1517.38	0.399	0.339
	混凝土输送泵 8m³/h	台班	440.17	0.629	0.535

4.基础垫层

工作内容: 1.筛土、焖灰、拌和灰土;
2.铺设垫层、找平、夯实;
3.拌和、铺设、找平、夯实。

计量单位:m³

定 额 编 号				G2-71	G2-72	G2-73
项 目 名 称				基础垫层		
				灰土3:7	砂	砂石
基 价(元)				213.45	169.40	250.75
其中	人 工 费(元)			101.22	21.42	37.80
	材 料 费(元)			111.07	147.85	212.77
	机 械 费(元)			1.16	0.13	0.18
名 称		单位	单价(元)	消	耗	量
人工	综合工日	工日	140.00	0.723	0.153	0.270
材料	垫层 3:7灰土	m³	109.97	1.010	—	—
	水	m³	7.96	—	0.300	0.300
	碎石 40	t	106.80	—	—	1.398
	中(粗)砂	t	87.00	—	1.672	0.702
机械	电动夯实机 250N·m	台班	26.28	0.044	0.005	0.007

工作内容：1.拌和、铺设、找平、夯实；
　　　　　2.调制砂浆、灌浆。

计量单位：m³

定　额　编　号				G2-74	G2-75	G2-76	G2-77
项　目　名　称				基础垫层			
				三合土		毛石	
				碎砖	碎石	干铺	灌浆
基　　　　价（元）				239.70	315.43	191.19	235.04
其中	人　工　费（元）			60.62	60.62	37.66	61.04
	材　料　费（元）			178.61	254.34	153.32	170.83
	机　械　费（元）			0.47	0.47	0.21	3.17
名　　称		单位	单价（元）	消　　　耗　　　量			
人工	综合工日	工日	140.00	0.433	0.433	0.269	0.436
材料	片石	t	65.00	—	—	1.830	1.830
	水泥砂浆 M5.0	m³	192.88	—	—	—	0.269
	碎石三合土 1：3：6	m³	251.82	—	1.010	—	—
	碎砖三合土 1：3：6	m³	171.74	1.040	—	—	—
	中(粗)砂	t	87.00	—	—	0.395	—
机械	电动夯实机 250N·m	台班	26.28	0.018	0.018	0.008	0.014
	灰浆搅拌机 200L	台班	215.26	—	—	—	0.013

工作内容：1.拌和、铺设、找平、夯实；
　　　　　2.调制砂浆、灌浆。

计量单位：m³

定　额　编　号				G2-78	G2-79	G2-80	G2-81
项　目　名　称				基础垫层			
				碎砖		碎石	
				干铺	灌浆	干铺	灌浆
基　　　　价（元）				137.89	175.42	251.97	280.97
其中	人　工　费（元）			35.14	50.40	33.18	39.76
	材　料　费（元）			102.57	116.80	218.61	237.99
	机　械　费（元）			0.18	8.22	0.18	3.22
名　　称		单位	单价（元）	消	耗		量
人工	综合工日	工日	140.00	0.251	0.360	0.237	0.284
材料	水	m³	7.96	0.200	0.250	—	0.100
	水泥砂浆 M5.0	m³	192.88	—	0.212	—	0.284
	碎石	t	106.80	—	—	1.708	1.708
	碎砖	m³	56.00	1.320	1.320	—	—
	中(粗)砂	t	87.00	0.311	—	0.416	—
机械	电动夯实机 250N·m	台班	26.28	0.007	0.026	0.007	0.008
	灰浆搅拌机 200L	台班	215.26	—	0.035	—	0.014

工作内容：混凝土铺设、找平、养护。 计量单位：m³

定　额　编　号				G2-82	G2-83
项　目　名　称				基础垫层	
				混凝土	商品混凝土
				无筋	
				现浇	泵送
基　　　　价（元）				339.10	346.64
其中	人　工　费（元）			51.80	14.98
	材　料　费（元）			284.51	331.66
	机　械　费（元）			2.79	—
名　　称		单位	单价(元)	消　　耗　　量	
人工	综合工日	工日	140.00	0.370	0.107
材料	电	kW•h	0.68	0.412	0.414
	商品混凝土 C15(泵送)	m³	326.48	—	1.015
	现浇混凝土 C15	m³	281.42	1.010	—
机械	双锥反转出料混凝土搅拌机 350L	台班	253.32	0.011	—

99

二、基坑与边坡支护工程

1.地下连续墙

(1)挖墙槽、连续墙接头管

工作内容：1.挖墙槽：机具定位、安放导轨、制浆、挖成槽、护壁；
2.接头管：接头管安、拔、冲刷、整理。

计量单位：10m³

定　额　编　号				G2-84	G2-85
项　目　名　称				挖墙槽	
				深度(m)	
				20以内	30以内
基　　　价（元）				1101.81	1164.17
其中	人　工　费（元）			315.42	329.42
	材　料　费（元）			170.18	170.18
	机　械　费（元）			616.21	664.57
名　　称		单位	单价（元）	消　　耗　　量	
人工	综合工日	工日	140.00	2.253	2.353
材料	水	m³	7.96	21.000	21.000
	其他材料费	元	1.00	3.024	3.024
机械	超声波测壁机	台班	89.56	0.130	0.130
	井架式液压抓斗成槽机	台班	1092.64	0.250	0.270
	泥浆制作循环设备	台班	1325.61	0.250	0.270

工作内容：1.挖墙槽：机具定位、安放导轨、制浆、挖成槽、护壁；
　　　　　2.接头管：接头管安、拔、冲刷、整理。　　　　　　　　　　　　　　　计量单位：段

定　额　编　号					G2-86	G2-87
项　目　名　称					连续墙接头管	
					深度(m)	
					20以内	30以内
基　　　　价（元）					2724.87	2974.39
其中	人　工　费（元）				1261.82	1261.82
	材　料　费（元）				251.87	501.39
	机　械　费（元）				1211.18	1211.18
名　　　称		单位	单价(元)	消　　耗　　量		
人工	综合工日	工日	140.00	9.013		9.013
材料	水	m³	7.96	0.300		0.300
	锁口管	kg	5.94	41.660		83.330
	其他材料费	元	1.00	2.024		4.024
机械	履带式起重机 15t	台班	757.48	0.900		0.900
	锁口管顶升机	台班	588.27	0.900		0.900

101

(2)清底、导墙、连续墙浇筑

工作内容：地下墙接缝清刷，空气压缩机吹气搅拌吸泥、清底置换。　　　　　　　计量单位：段

定　额　编　号				G2-88	
项　目　名　称				清底	
基　　　　价（元）				2306.70	
其中	人　工　费（元）			757.12	
	材　料　费（元）			375.00	
	机　械　费（元）			1174.58	
名　　称		单位	单价（元）	消　　耗　　量	
人工	综合工日	工日	140.00	5.408	
材料	护壁泥浆	m³	150.00	2.500	
机械	电动空气压缩机 10m³/min	台班	355.21	0.900	
	履带式起重机 15t	台班	757.48	0.900	
	泥浆泵 100mm	台班	192.40	0.900	

工作内容：1.导墙浇筑：混凝土搅拌、运输、浇筑、捣固养护；
　　　　　2.连续墙浇筑：浇筑架就位、导管安拆、吸泥浆、混凝土搅拌、运输、浇筑、养护。

计量单位：10m³

定 额 编 号			G2-89	G2-90
项 目 名 称			导墙浇筑	
			现浇	泵送
基 价（元）			3977.35	3530.28
其中	人 工 费（元）		594.72	257.60
	材 料 费（元）		3256.68	3272.68
	机 械 费（元）		125.95	—
名 称	单位	单价（元）	消　耗　量	
人工	综合工日	工日	140.00	4.248	1.840
材料	草袋	m²	2.20	3.910	3.910
	电	kW·h	0.68	4.141	4.162
	现浇混凝土 C30	m³	319.73	10.150	10.200
机械	机动翻斗车 1t	台班	220.18	0.266	—
	双锥反转出料混凝土搅拌机 350L	台班	253.32	0.266	—

工作内容：1.导墙浇筑：混凝土搅拌、运输、浇筑、捣固养护；
2.连续墙浇筑：浇筑架就位、导管安拆、吸泥浆、混凝土搅拌、运输、浇筑、养护。

计量单位：10m³

定　额　编　号				G2-91	G2-92
项　目　名　称				连续墙浇筑	
				现浇	泵送
基　　　　价（元）				4787.29	5375.78
其中	人　工　费（元）			597.94	288.68
	材　料　费（元）			3947.73	4971.90
	机　械　费（元）			241.62	115.20
名　　称		单位	单价（元）	消　　耗　　量	
人工	综合工日	工日	140.00	4.271	2.062
材料	导管方斗摊销	kg	5.20	4.950	4.950
	电	kW·h	0.68	4.904	4.928
	钢丝绳	kg	6.00	1.743	1.743
	商品混凝土 C30(泵送)	m³	403.82	—	12.078
	水	m³	7.96	8.050	6.750
	现浇混凝土 C30	m³	319.73	12.019	—
	橡皮球胆	只	12.80	0.100	0.100
机械	电动单筒慢速卷扬机 30kN	台班	210.22	0.267	0.267
	机动翻斗车 1t	台班	220.18	0.267	—
	浇筑架	台班	221.23	0.267	0.267
	双锥反转出料混凝土搅拌机 350L	台班	253.32	0.267	—

104

(3)地下连续墙钢筋制作、安装

工作内容：钢筋制作、场内运输、吊装、安装。

计量单位：t

定 额 编 号				G2-93
项 目 名 称				地下连续墙钢筋笼制安
				制作
基 价 （元）				4624.86
其中	人 工 费 （元）			588.00
	材 料 费 （元）			3995.29
	机 械 费 （元）			41.57
名 称		单位	单价（元）	消 耗 量
人工	综合工日	工日	140.00	4.200
材料	电焊条	kg	5.98	6.900
	镀锌铁丝 22号	kg	3.57	4.420
	钢筋(综合)	t	3450.00	1.040
	硬泡沫塑料板	㎡	28.46	7.500
	预埋铁件	kg	3.60	38.000
机械	对焊机 75kV·A	台班	106.97	0.074
	钢筋弯曲机 40mm	台班	25.58	0.074
	机动翻斗车 1t	台班	220.18	0.074
	交流弧焊机 32kV·A	台班	83.14	0.186

工作内容：钢筋制作、场内运输、吊装、安装。

计量单位：t

定　额　编　号			G2-94	G2-95
项　目　名　称			地下连续墙钢筋笼制安	
			安装深度(m)	
			20以内	30以内
基　　　　　价（元）			344.24	540.00
其中	人　工　费（元）		168.00	235.20
	材　料　费（元）		10.25	11.44
	机　械　费（元）		165.99	293.36
名　　称	单位	单价(元)	消　　耗　　量	
人工	综合工日	工日	140.00	1.200	1.680
材料	电焊条	kg	5.98	1.010	1.210
	方木	m³	2029.00	0.002	0.002
	钢丝绳	kg	6.00	0.025	0.025
机械	交流弧焊机 32kV·A	台班	83.14	0.450	1.460
	履带式起重机 25t	台班	818.95	—	0.210
	汽车式起重机 12t	台班	857.15	0.150	—

2.围护桩
(1)劲性围护桩
①型钢水泥搅拌劲性桩

工作内容：桩机移动、就位、校测、钻进、喷浆搅拌、记录、挖排污沟池。　　　　　　　计量单位：10m³

定　额　编　号				G2-96
项　目　名　称				喷浆搅拌桩(围护用)
基　　　价（元）				1479.77
其中	人　工　费（元）			265.30
	材　料　费（元）			1112.12
	机　械　费（元）			102.35
名　　　称		单位	单价（元）	消　　耗　　量
人工	综合工日	工日	140.00	1.895
材料	钢筋(综合)	kg	3.45	4.120
	高压水管	m	19.50	0.700
	木质素磺酸钙	kg	3.71	5.401
	腻子粉	kg	2.82	54.009
	水	m³	7.96	5.000
	水玻璃	kg	1.62	54.009
	水泥 32.5级	t	290.60	2.700
机械	灰浆搅拌机 200L	台班	215.26	0.185
	挤压式灰浆输送泵 3m³/h	台班	228.02	0.092
	深层搅拌机 单轴式	台班	434.53	0.046
	深层搅拌机 双轴式	台班	468.66	0.046

②型钢灌注混凝土劲性桩

工作内容：1. 桩机移位，就位，校测，安装护筒，泥浆沟池开挖，钻进，灌注混凝土；
    2. 型钢加工制作成型；
    3. 成型型钢安装。

计量单位：10m³

定 额 编 号				G2-97	G2-98
项 目 名 称				钻孔灌注混凝土桩(围护用)	
				现浇	泵送
基 价（元）				5380.22	5737.39
其中	人 工 费（元）			962.78	478.80
	材 料 费（元）			4028.19	5004.76
	机 械 费（元）			389.25	253.83
名 称		单位	单价（元）	消 耗 量	
人工	综合工日	工日	140.00	6.877	3.420
材料	黏土	m³	—	(0.920)	(0.920)
	电	kW·h	0.68	4.739	4.763
	高压胶管	m	8.00	0.700	0.700
	工程用材	m³	2250.00	0.010	—
	金属周转材料	kg	6.80	5.400	5.400
	商品混凝土 C30(泵送)	m³	403.82	—	11.673
	水	m³	7.96	30.000	30.000
	现浇混凝土 C30	m³	319.73	11.615	—
	其他材料费	元	1.00	7.680	6.610
机械	机动翻斗车 1t	台班	220.18	0.286	—
	汽车式钻机 400mm	台班	887.53	0.286	0.286
	双锥反转出料混凝土搅拌机 350L	台班	253.32	0.286	—

注：黏土如为外购，可按市场价列入。

工作内容：1.桩机移位，就位，校测，安装护筒，泥浆沟池开挖，钻进，灌注混凝土；
　　　　　2.型钢加工制作成型；
　　　　　3.成型型钢安装。　　　　　　　　　　　　　　　　　　　　　计量单位：t

定　额　编　号			G2-99	
项　目　名　称			桩孔型钢	
基　　　　　价（元）			4238.97	
其中	人　工　费（元）		301.28	
	材　料　费（元）		3892.96	
	机　械　费（元）		44.73	
名　　　称	单位	单价（元）	消　　耗	量
人工	综合工日	工日	140.00	2.152
材料	电焊条	kg	5.98	5.598
	型钢	t	3700.00	1.030
	氧气	m³	3.63	2.186
	乙炔气	m³	11.48	1.790
	其他材料费	元	1.00	20.000
机械	交流弧焊机 32kV·A	台班	83.14	0.538

(2)钻孔咬合灌注混凝土桩

工作内容：1. 装拆钻架、移位、就位；
2. 制泥浆、钻进、提钻、出渣、清孔；
3. 测量孔径、孔深等；
4. 安装导管、漏斗、混凝土配、拌、浇捣等。

计量单位：10m³

定 额 编 号				G2-100	G2-101
项 目 名 称				钻孔咬合灌注混凝土桩	
				现浇	泵送
基 价（元）				5489.15	5868.11
其中	人 工 费（元）			1123.50	639.52
	材 料 费（元）			3938.94	4938.25
	机 械 费（元）			426.71	290.34
名 称		单位	单价（元）	消 耗 量	
人工	综合工日	工日	140.00	8.025	4.568
材料	黏土	m³	—	(0.850)	(0.850)
	电	kW·h	0.68	4.739	4.763
	垫木	m³	2350.00	0.040	0.040
	商品混凝土 C30（泵送）	m³	403.82	—	11.673
	水	m³	7.96	10.560	10.456
	铁件	kg	4.19	10.500	10.500
	现浇混凝土 C30	m³	319.73	11.615	—
机械	机动翻斗车 1t	台班	220.18	0.288	—
	双锥反转出料混凝土搅拌机 350L	台班	253.32	0.288	—
	钻孔咬合桩机	台班	1008.12	0.288	0.288

注：黏土如为外购，可按市场价列入。

(3)打拉森式钢板桩

工作内容：机具准备、桩机移位、安装导向夹具、吊桩定位、安卸桩帽、校正、打拔定型钢板桩、就地堆放等。

计量单位：10t

定 额 编 号				G2-102	G2-103
项 目 名 称				打拉森式钢板桩	
				桩长(m)	
				10以内	10以上
基 价（元）				3350.72	3104.15
其中	人 工 费（元）			1528.80	1398.60
	材 料 费（元）			446.24	446.65
	机 械 费（元）			1375.68	1258.90
名 称		单位	单价（元）	消 耗 量	
人工	综合工日	工日	140.00	10.920	9.990
材料	金属周转材料	kg	6.80	56.800	56.860
	其他材料费	元	1.00	60.000	60.000
机械	履带式柴油打桩机 2.5t	台班	881.04	1.092	0.999
	履带式起重机 15t	台班	757.48	0.546	0.500

工作内容：机具准备、桩机移位、安装导向夹具、吊桩定位、安卸桩帽、校正、打拔定型钢板桩、就地堆放等。

计量单位：10t

定 额 编 号				G2-104	G2-105
项 目 名 称				拔拉森式钢板桩	
				桩长(m)	
				10以内	10以上
基 价（元）				3147.02	2557.85
其中	人 工 费（元）			1724.80	1386.00
	材 料 费（元）			64.96	81.20
	机 械 费（元）			1357.26	1090.65
	名 称	单位	单价(元)	消 耗 量	
人工	综合工日	工日	140.00	12.320	9.900
材料	垫木	m³	2350.00	0.016	0.020
	钢丝绳	kg	6.00	4.560	5.700
机械	振动沉拔桩机 400kN	台班	1101.67	1.232	0.990

112

(4)打型钢桩

①打钢板桩

工作内容：机具准备、桩机移位、吊桩定位、安卸桩帽、校正、打钢板桩。　　　　　　计量单位：10根

定　额　编　号				G2-106	G2-107	G2-108	G2-109
项　目　名　称				打钢板(槽钢或钢轨)桩			
				桩长(m)			
				6以内	10以内	15以内	20以内
基　　　　　价（元）				1382.79	1588.97	1693.06	1821.67
其中	人　工　费（元）			772.10	886.20	944.30	1017.80
	材　料　费（元）			124.36	145.07	154.06	163.35
	机　械　费（元）			486.33	557.70	594.70	640.52
名　　　称		单位	单价（元）	消	耗		量
人工	综合工日	工日	140.00	5.515	6.330	6.745	7.270
材料	工程用材	m³	2250.00	0.004	0.006	0.006	0.007
	金属周转材料	kg	6.80	14.766	16.929	18.032	19.067
	木楔	m³	1495.43	0.010	0.011	0.012	0.012
机械	履带式柴油打桩机 2.5t	台班	881.04	0.552	0.633	0.675	0.727

113

②拔钢板桩

工作内容：机具准备、桩机移位、吊桩定位、安卸桩帽、校正、拔钢板桩、就地堆放等。

计量单位：10根

定　额　编　号				G2-110	G2-111	G2-112	G2-113
项　目　名　称				拔钢板桩(槽钢或钢轨)			
				桩长(m)			
				6以内	10以内	15以内	20以内
基　　　　价（元）				846.24	1109.16	1451.32	1568.46
其中	人　工　费（元）			465.36	610.12	800.94	863.38
	材　料　费（元）			15.13	17.61	20.22	25.35
	机　械　费（元）			365.75	481.43	630.16	679.73
名　　　称		单位	单价(元)	消　　耗　　量			
人工	综合工日	工日	140.00	3.324	4.358	5.721	6.167
材料	垫木	m³	2350.00	0.006	0.007	0.008	0.010
	钢丝绳	kg	6.00	0.171	0.193	0.237	0.309
机械	振动沉拔桩机 400kN	台班	1101.67	0.332	0.437	0.572	0.617

114

③钢板桩切割焊接

工作内容：钢板桩切割、焊接、就地堆放。

计量单位：10个

定　额　编　号				G2-114	G2-115
项　目　名　称				拉森式钢板桩	
				切割	焊接
基　　　价（元）				337.87	1679.71
其中	人　工　费（元）			302.40	845.60
	材　料　费（元）			20.05	583.03
	机　械　费（元）			15.42	251.08
名　　称		单位	单价（元）	消　　耗　　量	
人工	综合工日	工日	140.00	2.160	6.040
材料	电焊条	kg	5.98	—	59.860
	钢板	t	3170.00	—	0.071
	氧气	m³	3.63	2.330	—
	乙炔气	m³	11.48	1.010	—
机械	交流弧焊机 32kV·A	台班	83.14	—	3.020
	氧割设备	台班	21.41	0.720	—

工作内容：钢板桩切割、焊接、就地堆放。 计量单位：t

定 额 编 号				G2-116	
项 目 名 称				钢板桩(槽钢或钢轨)	
				制作	
基 价（元）				4422.33	
其中	人 工 费（元）			303.80	
	材 料 费（元）			4044.33	
	机 械 费（元）			74.20	
名 称		单位	单价(元)	消 耗 量	
人工	综合工日	工日	140.00	2.170	
材料	电焊条	kg	5.98	25.260	
	钢板	t	3170.00	0.110	
	型钢	t	3700.00	0.950	
	氧气	m³	3.63	3.150	
	乙炔气	m³	11.48	1.580	
机械	交流弧焊机 32kV·A	台班	83.14	0.540	
	型钢矫正机 60×800mm	台班	260.94	0.100	
	氧割设备	台班	21.41	0.150	

3. 边坡支护

(1) 锚杆、锚头制安

工作内容：钢筋、钢管、钢丝索加工焊接、成型包裹；定位、穿钢筋(钢管、钢丝索)锚杆。 计量单位：t

定 额 编 号				G2-117	G2-118	G2-119
项 目 名 称				锚杆制安		
				钢筋	钢管	钢丝索
基 价 （元）				4203.28	5309.08	5744.61
其中	人 工 费 （元）			268.80	275.80	282.24
	材 料 费 （元）			3674.90	4703.02	5189.17
	机 械 费 （元）			259.58	330.26	273.20
名 称		单位	单价（元）	消	耗	量
人工	综合工日	工日	140.00	1.920	1.970	2.016
材料	电焊条	kg	5.98	4.000	3.000	1.200
	镀锌铁丝 8号	kg	3.57	2.180	1.960	1.960
	钢管 DN50	t	4430.00	—	1.056	—
	钢筋(综合)	t	3450.00	1.056	—	—
	钢丝索	t	4500.00	—	—	1.150
机械	电动单筒慢速卷扬机 50kN	台班	215.57	0.080	0.095	0.084
	对焊机 75kV·A	台班	106.97	0.047	—	0.049
	钢筋切断机 40mm	台班	41.21	0.009	—	0.044
	钢筋弯曲机 40mm	台班	25.58	0.042	—	0.009
	管子切断机 150mm	台班	33.32	—	0.129	—
	交流弧焊机 32kV·A	台班	83.14	0.118	0.414	0.124
	立式油压千斤顶 200t	台班	11.50	—	0.129	—
	汽车式起重机 8t	台班	763.67	0.296	0.353	0.311

工作内容：锚头制作、安装、张拉、锁定。 计量单位：套

定 额 编 号	G2-120
项 目 名 称	锚头制安、张拉、锁定
基 价（元）	356.00

其中	人 工 费（元）	70.00
	材 料 费（元）	177.54
	机 械 费（元）	108.46

	名 称	单位	单价（元）	消 耗 量
人工	综合工日	工日	140.00	0.500
材料	电焊条	kg	5.98	2.800
	镀锌铁丝 22号	kg	3.57	0.200
	钢筋(综合)	t	3450.00	0.006
	六角螺母	kg	6.49	2.040
	氧气	m³	3.63	0.350
	乙炔气	m³	11.48	0.170
	中厚钢板(综合)	t	3512.00	0.035
机械	电动单筒慢速卷扬机 50kN	台班	215.57	0.001
	钢筋调直机 14mm	台班	36.65	0.001
	交流弧焊机 32kV·A	台班	83.14	0.140
	立式油压千斤顶 200t	台班	11.50	0.200
	汽车式起重机 8t	台班	763.67	0.060
	载重汽车 6t	台班	448.55	0.108

(2)土层锚杆机械钻孔

工作内容：机具准备、钻机移位、锚孔定位、钻孔。　　　　　　　　计量单位：100m

定　额　编　号				G2-121	G2-122	G2-123
项　目　名　称				土层锚杆机械钻孔		
				孔径(mm)		
				100以内	200以内	300以内
基　　　　价（元）				2554.19	3370.53	3831.29
其中	人　工　费（元）			571.20	753.76	856.80
	材　料　费（元）			—	—	—
	机　械　费（元）			1982.99	2616.77	2974.49
名　　称		单位	单价（元）	消　　耗　　量		
人工	综合工日	工日	140.00	4.080	5.384	6.120
机械	锚杆钻孔机 32mm	台班	1944.11	1.020	1.346	1.530

工作内容：机具准备、钻机移位、锚孔定位、钻孔。 计量单位：100m

定 额 编 号	G2-124
项 目 名 称	土层锚杆机械钻孔
	入岩增加费
基 价（元）	4732.36

其中	人 工 费（元）	980.00
	材 料 费（元）	252.96
	机 械 费（元）	3499.40

	名 称	单位	单价(元)	消 耗 量
人工	综合工日	工日	140.00	7.000
材料	金属周转材料	kg	6.80	37.200
机械	锚杆钻孔机 32mm	台班	1944.11	1.800

(3)锚杆孔注浆

工作内容：机具就位、砂浆配制、搅拌、压力注浆、堵洞、封管、养护等。 计量单位：100m

定 额 编 号				G2-125	G2-126	G2-127
项 目 名 称				锚杆孔注浆		
				孔径(mm)		
				100以内	200以内	300以内
基 价 （元）				761.87	1353.67	2081.14
其中	人 工 费 （元）			280.00	336.00	448.00
	材 料 费 （元）			362.00	873.83	1441.36
	机 械 费 （元）			119.87	143.84	191.78
名 称		单位	单价(元)	消 耗		量
人工	综合工日	工日	140.00	2.000	2.400	3.200
材料	木质素磺酸钙	kg	3.71	2.860	8.212	14.147
	水泥砂浆 1:1	m³	304.25	0.864	2.481	4.274
	塑料注浆管	m	8.43	10.500	10.500	10.500
机械	电动灌浆机	台班	24.47	0.500	0.600	0.800
	灰浆搅拌机 200L	台班	215.26	0.500	0.600	0.800

(4)土钉制作安装及钻孔灌浆

工作内容：钢筋、钢管加工焊接、成型包裹；定位、打孔、穿土钉、压力注浆、堵洞、封管、养护。

计量单位：t

定 额 编 号			G2-128	G2-129
项 目 名 称			钢管土钉	钢筋土钉
			制作安装	
基 价（元）			4527.24	3911.52
其中	人 工 费（元）		210.00	280.00
	材 料 费（元）		4280.69	3575.17
	机 械 费（元）		36.55	56.35
名 称	单位	单价（元）	消 耗 量	
人工	综合工日	工日	140.00	1.500	2.000
材料	电焊条	kg	5.98	3.000	4.000
	钢管	t	4060.00	1.025	—
	钢筋(综合)	t	3450.00	0.025	1.025
	其他材料费	元	1.00	15.000	15.000
机械	钢筋切断机 50mm	台班	54.52	—	0.150
	管子切断机 150mm	台班	33.32	0.150	—
	机动翻斗车 1t	台班	220.18	0.030	0.030
	交流弧焊机 32kV·A	台班	83.14	0.300	0.500

工作内容：钢筋、钢管加工焊接、成型包裹；定位、打孔、穿土钉、压力注浆、堵洞、封管、养护。

计量单位：100m

定 额 编 号			G2-130	G2-131
项 目 名 称			土钉	
			钻孔注浆	入岩增加费
基 价（元）			2728.99	2969.52
其中	人 工 费（元）		630.00	770.00
	材 料 费（元）		253.40	61.00
	机 械 费（元）		1845.59	2138.52
名 称	单位	单价（元）	消 耗 量	
人工	综合工日	工日	140.00	4.500	5.500
材料	金属周转材料	kg	6.80	—	7.500
	水泥砂浆 1:1	m³	304.25	0.800	—
	其他材料费	元	1.00	10.000	10.000
机械	电动灌浆机	台班	24.47	0.400	—
	灰浆搅拌机 200L	台班	215.26	0.400	—
	锚杆钻孔机 32mm	台班	1944.11	0.900	1.100

(5)坡面喷射混凝土护坡

工作内容：机具就位，混凝土配制、搅拌、输送、分层喷射、养护。

计量单位：100m²

定 额 编 号				G2-132	G2-133	G2-134	G2-135
项 目 名 称				喷射混凝土护坡			
				土坡面		土坡钢筋网面	
				厚度(mm)			
				初喷50	每增10	初喷50	每增10
基 价（元）				2906.39	537.75	3123.74	548.62
其中	人 工 费（元）			560.00	84.00	700.00	91.00
	材 料 费（元）			2036.98	407.34	2036.98	407.34
	机 械 费（元）			309.41	46.41	386.76	50.28
名 称		单位	单价（元）	消 耗 量			
人工	综合工日	工日	140.00	4.000	0.600	5.000	0.650
材料	高压胶管	m	8.00	2.060	0.412	2.060	0.412
	喷射管	m	32.00	1.545	0.309	1.545	0.309
	速凝剂	t	902.00	0.130	0.026	0.130	0.026
	现浇混凝土 C20	m³	296.56	6.250	1.250	6.250	1.250
	其他材料费	元	1.00	0.300	—	0.300	—
机械	电动空气压缩机 10m³/min	台班	355.21	0.400	0.060	0.500	0.065
	混凝土湿喷机 5m³/h	台班	418.31	0.400	0.060	0.500	0.065

124

(6)挂钢筋网

工作内容：定位、布置钢筋、点焊绑扎钢筋成网。　　　　　　　　　　计量单位：t

定　额　编　号				G2-136	
项　目　名　称				挂钢筋网	
基　　　　价（元）				4037.72	
其中	人　工　费（元）			394.80	
	材　料　费（元）			3553.93	
	机　械　费（元）			88.99	
名　　　称		单位	单价（元）	消　耗　　量	
人工	综合工日	工日	140.00	2.820	
材料	镀锌铁丝 22号	kg	3.57	6.850	
	钢筋(综合)	t	3450.00	1.020	
	其他材料费	元	1.00	10.480	
机械	电动单筒慢速卷扬机 30kN	台班	210.22	0.282	
	钢筋切断机 40mm	台班	41.21	0.152	
	交流弧焊机 32kV·A	台班	83.14	0.282	

(7) 支护钢支撑

工作内容：钢支撑(围令)安装、拆除、堆放。

计量单位：10t

定　额　编　号				G2-137	G2-138
项　目　名　称				钢支撑	
				≤15m	
				安装	拆除
基　　　　价（元）				6143.02	3565.45
其中	人　工　费（元）			1474.06	2014.32
	材　料　费（元）			2564.05	26.91
	机　械　费（元）			2104.91	1524.22
名　　　称		单位	单价（元）	消　　耗　　量	
人工	综合工日	工日	140.00	10.529	14.388
材料	电焊条	kg	5.98	10.900	4.500
	钢围檩	kg	4.95	52.500	—
	钢支撑	kg	3.50	270.000	—
	六角带帽螺栓	kg	9.00	25.500	—
	预埋铁件	kg	3.60	116.200	—
	枕木	m³	1230.77	0.300	—
	中厚钢板(综合)	kg	3.51	78.900	—
机械	电动空气压缩机 9m³/min	台班	317.86	0.200	0.200
	交流弧焊机 32kV·A	台班	83.14	1.300	0.500
	立式油压千斤顶 100t	台班	10.21	1.100	1.100
	履带式起重机 25t	台班	818.95	1.600	1.500
	汽车式起重机 8t	台班	763.67	0.290	—
	载重汽车 6t	台班	448.55	0.870	0.400

工作内容：钢支撑(围令)安装、拆除、堆放。 计量单位：10t

定 额 编 号			G2-139	G2-140
项 目 名 称			钢支撑	
			>15m	
			安装	拆除
基 价 （元）			6168.52	3910.13
其中	人 工 费（元）		1396.08	1697.92
	材 料 费（元）		1999.36	26.91
	机 械 费（元）		2773.08	2185.30
名 称	单位	单价（元）	消 耗	量
人工	综合工日	工日	140.00	9.972	12.128
材料	电焊条	kg	5.98	6.600	4.500
	钢围檩	kg	4.95	31.800	—
	钢支撑	kg	3.50	270.000	—
	六角带帽螺栓	kg	9.00	21.400	—
	预埋铁件	kg	3.60	70.000	—
	枕木	m³	1230.77	0.200	—
	中厚钢板(综合)	kg	3.51	47.500	—
机械	电动空气压缩机 9m³/min	台班	317.86	0.100	0.100
	交流弧焊机 32kV·A	台班	83.14	0.800	0.300
	立式油压千斤顶 100t	台班	10.21	1.100	1.100
	履带式起重机 40t	台班	1291.95	1.600	1.500
	汽车式起重机 8t	台班	763.67	0.270	—
	载重汽车 6t	台班	448.55	0.870	0.400

三、打桩工程

1.打桩机打、压(送)预制钢筋混凝土桩
(1)打桩机打(送)预制钢筋混凝土方桩

工作内容：准备打桩机具、移动打桩机、安装导向夹具、吊桩定位、打桩等。　　　　计量单位：10m³

定　额　编　号				G2-141	G2-142	G2-143	G2-144
项　目　名　称				打桩机打预制钢筋混凝土方桩			
				桩长(m)			
				12以内	18以内	30以内	30以外
基　　　价（元）				13651.13	13496.84	13383.18	13301.44
其中	人　工　费（元）			782.60	630.00	459.20	407.68
	材　料　费（元）			12196.03	12196.03	12196.03	12196.03
	机　械　费（元）			672.50	670.81	727.95	697.73
名　　称		单位	单价(元)	消	耗		量
人工	综合工日	工日	140.00	5.590	4.500	3.280	2.912
材料	草袋	m²	2.20	4.500	4.500	4.500	4.500
	工程用材	m³	2250.00	0.020	0.020	0.020	0.020
	金属周转材料	kg	6.80	2.740	2.740	2.740	2.740
	麻袋	条	1.00	2.500	2.500	2.500	2.500
	预制钢筋混凝土方桩	m³	1200.00	10.100	10.100	10.100	10.100
机械	履带式柴油打桩机 2.5t	台班	881.04	0.559	—	—	—
	履带式柴油打桩机 3.5t	台班	1111.94		0.450		
	履带式柴油打桩机 5t	台班	1840.62			0.328	
	履带式柴油打桩机 7t	台班	2017.64	—	—	—	0.291
	履带式起重机 10t	台班	642.86	0.280	—	—	—
	履带式起重机 15t	台班	757.48	—	0.225	0.164	0.146

工作内容：吊送、安(拔)送桩器、打送桩。 计量单位：10m³

定 额 编 号				G2-145	G2-146	G2-147	G2-148
项 目 名 称				打桩机送预制钢筋混凝土方桩			
				桩长(m)			
				12以内	18以内	30以内	30m以外
基 价（元）				1613.48	1450.26	1293.05	1247.55
其中	人 工 费（元）			820.40	660.80	481.60	428.40
	材 料 费（元）			85.86	85.86	85.86	85.86
	机 械 费（元）			707.22	703.60	725.59	733.29
名 称		单位	单价(元)	消	耗		量
人工	综合工日	工日	140.00	5.860	4.720	3.440	3.060
材料	草袋	m²	2.20	4.500	4.500	4.500	4.500
	麻袋	条	1.00	2.500	2.500	2.500	2.500
	送桩器摊销	kg	6.20	7.720	7.720	7.720	7.720
	硬木成材	m³	1280.00	0.020	0.020	0.020	0.020
机械	履带式柴油打桩机 2.5t	台班	881.04	0.586	—	—	—
	履带式柴油打桩机 3.5t	台班	1111.94	—	0.472	—	—
	履带式柴油打桩机 5t	台班	1840.62	—	—	0.344	—
	履带式柴油打桩机 7t	台班	2017.64	—	—	—	0.306
	履带式起重机 10t	台班	642.86	0.297	—	—	—
	履带式起重机 15t	台班	757.48	—	0.236	0.122	0.153

(2)压桩机压(送)预制钢筋混凝土方桩

工作内容：准备打桩机具、移动打桩机、吊桩定位、压桩、接桩等。　　　　计量单位：10m³

定　额　编　号				G2-149	G2-150	G2-151	G2-152
项　目　名　称				压桩机压预制钢筋混凝土方桩			
				桩长(m)			
				12以内	18以内	30以内	30以外
基　　　　价（元）				13705.40	13464.93	13387.84	13291.30
其中	人　工　费（元）			675.36	404.60	338.80	294.00
	材　料　费（元）			12167.50	12167.50	12167.50	12167.50
	机　械　费（元）			862.54	892.83	881.54	829.80
名　　称		单位	单价（元）	消　　耗　　量			
人工	综合工日	工日	140.00	4.824	2.890	2.420	2.100
材料	工程用材	m³	2250.00	0.020	0.020	0.020	0.020
	麻袋	条	1.00	2.500	2.500	2.500	2.500
	预制钢筋混凝土方桩	m³	1200.00	10.100	10.100	10.100	10.100
机械	静力压桩机 1200kN	台班	1468.08	0.482	—	—	—
	静力压桩机 2000kN	台班	2787.97	—	0.289	—	—
	静力压桩机 3000kN	台班	3263.97	—	—	0.242	—
	静力压桩机 4000kN	台班	3572.71	—	—	—	0.210
	履带式起重机 10t	台班	642.86	0.241	—	—	—
	履带式起重机 15t	台班	757.48	—	0.115	0.121	0.105

工作内容：准备打桩机具、移动打桩机、吊桩定位、压桩、接桩等。 计量单位：10m³

定 额 编 号			G2-153	G2-154	G2-155	G2-156
项 目 名 称			压桩机送预制钢筋混凝土方桩			
			桩长(m)			
			12以内	18以内	30以内	30以外
基 价（元）			1822.39	1592.59	1489.35	1385.82
其中	人 工 费（元）		708.40	424.20	355.60	308.00
	材 料 费（元）		208.50	208.50	208.50	208.50
	机 械 费（元）		905.49	959.89	925.25	869.32
名 称	单位	单价（元）	消 耗 量			
人工 综合工日	工日	140.00	5.060	3.030	2.540	2.200
材料 麻袋	条	1.00	0.640	0.640	0.640	0.640
送桩器摊销	kg	6.20	7.720	7.720	7.720	7.720
硬木成材	m³	1280.00	0.125	0.125	0.125	0.125
机械 静力压桩机 1200kN	台班	1468.08	0.506	—	—	—
静力压桩机 2000kN	台班	2787.97	—	0.303	—	—
静力压桩机 3000kN	台班	3263.97	—	—	0.254	—
静力压桩机 4000kN	台班	3572.71	—	—	—	0.220
履带式起重机 10t	台班	642.86	0.253	—	—	—
履带式起重机 15t	台班	757.48	—	0.152	0.127	0.110

(3)打桩机打(送)预制钢筋混凝土板桩

工作内容：准备打桩机具、移动打桩机、安装导向夹具、吊桩定位、打桩等。　　　　计量单位：10m³

定　额　编　号				G2-157	G2-158	G2-159
项　目　名　称				打桩机打预制钢筋混凝土板桩		
				桩长(m)		
				8以内	12以内	16以内
基　　　　价（元）				15478.31	15345.26	15201.10
其中	人　工　费（元）			1222.20	1150.80	1073.10
	材　料　费（元）			13206.03	13206.03	13206.03
	机　械　费（元）			1050.08	988.43	921.97
名　　称		单位	单价(元)	消　　耗　　量		
人工	综合工日	工日	140.00	8.730	8.220	7.665
材料	草袋	m²	2.20	4.500	4.500	4.500
	工程用材	m³	2250.00	0.020	0.020	0.020
	金属周转材料	kg	6.80	2.740	2.740	2.740
	麻袋	条	1.00	2.500	2.500	2.500
	预制钢筋混凝土板桩	m³	1300.00	10.100	10.100	10.100
机械	履带式柴油打桩机 2.5t	台班	881.04	0.873	0.822	0.767
	履带式起重机 10t	台班	642.86	0.437	0.411	0.383

132

工作内容：吊送、安(拔)送桩器、打送桩。 计量单位：10m³

定 额 编 号				G2-160	G2-161	G2-162
项 目 名 称				打桩机送预制钢筋混凝土板桩		
				桩长(m)		
				8以内	12以内	16以内
基 价（元）				2461.47	2320.94	2168.42
其中	人 工 费（元）			1283.10	1207.50	1125.60
	材 料 费（元）			76.03	76.03	76.03
	机 械 费（元）			1102.34	1037.41	966.79
名 称		单位	单价(元)	消	耗	量
人工	综合工日	工日	140.00	9.165	8.625	8.040
材料	草袋	m²	2.20	4.500	4.500	4.500
	工程用材	m³	2250.00	0.020	0.020	0.020
	金属周转材料	kg	6.80	2.740	2.740	2.740
	麻袋	条	1.00	2.500	2.500	2.500
机械	履带式柴油打桩机 2.5t	台班	881.04	0.917	0.863	0.804
	履带式起重机 10t	台班	642.86	0.458	0.431	0.402

2. 打桩机打、压(送)预制钢筋混凝土离心管(方)桩

(1)钢桩尖制作、安装

工作内容：划线切割、加工焊接、成型包裹。

计量单位：t

定 额 编 号				G2-163	G2-164
项 目 名 称				管桩桩尖制作	
				十字型	开口型
基 价（元）				4677.16	5225.33
其中	人 工 费（元）			667.52	1100.26
	材 料 费（元）			3933.90	4026.75
	机 械 费（元）			75.74	98.32
名 称		单位	单价(元)	消 耗 量	
人工	综合工日	工日	140.00	4.768	7.859
材料	电焊条	kg	5.98	13.280	21.890
	氧气	m³	3.63	2.520	9.900
	乙炔气	m³	11.48	1.970	3.240
	中厚钢板(综合)	t	3512.00	1.060	1.060
	其他材料费	元	1.00	100.000	100.000
机械	交流弧焊机 32kV·A	台班	83.14	0.911	1.156
	卷板机 20×2500mm	台班	276.83	—	0.008

134

定 额 编 号			G2-165	G2-166	G2-167
项 目 名 称			方桩桩尖制作		
			十字型	开口型	锥型
基 价（元）			4612.27	5250.10	6069.17
其中	人 工 费（元）		720.02	1184.82	1764.00
	材 料 费（元）		3831.14	3965.51	4155.52
	机 械 费（元）		61.11	99.77	149.65
名 称		单位	单价（元）	消 耗 量	
人工	综合工日	工日	140.00	5.143	8.463	12.600
材料	电焊条	kg	5.98	14.670	27.990	47.010
	氧气	m³	3.63	6.640	10.930	21.250
	乙炔气	m³	11.48	0.170	3.580	6.960
	中厚钢板(综合)	t	3512.00	1.030	1.030	1.030
	其他材料费	元	1.00	100.000	100.000	100.000
机械	交流弧焊机 32kV·A	台班	83.14	0.735	1.200	1.800

(2)打桩机打(送)预制钢筋混凝土离心管(方)桩

工作内容：准备打桩机具、移动打桩机、吊桩定位、打桩、接桩等。　　　　　　计量单位：10m³

定　额　编　号			G2-168	G2-169	G2-170	G2-171
项　目　名　称			打桩机打预制钢筋混凝土离心管(方)桩			
			桩长(m)			
			12以内	18以内	30以内	30以外
基　　　　　价（元）			16539.54	16499.24	16421.63	16279.80
其中	人　工　费（元）		674.80	588.00	439.60	366.80
	材　料　费（元）		15285.15	15285.15	15285.15	15285.15
	机　械　费（元）		579.59	626.09	696.88	627.85
名　　　称	单位	单价(元)	消	耗		量
人工	综合工日	工日	140.00	4.820	4.200	3.140	2.620
材料	工程用材	m³	2250.00	0.050	0.050	0.050	0.050
	金属周转材料	kg	6.80	2.890	2.890	2.890	2.890
	麻袋	条	1.00	3.000	3.000	3.000	3.000
	预制钢筋混凝土离心管(方)桩	m³	1500.00	10.100	10.100	10.100	10.100
机械	履带式柴油打桩机 2.5t	台班	881.04	0.482	—	—	—
	履带式柴油打桩机 3.5t	台班	1111.94	—	0.420	—	—
	履带式柴油打桩机 5t	台班	1840.62	—	—	0.314	—
	履带式柴油打桩机 7t	台班	2017.64	—	—	—	0.262
	履带式起重机 10t	台班	642.86	0.241	—	—	—
	履带式起重机 15t	台班	757.48	—	0.210	0.157	0.131

工作内容：吊送、安(拔)送桩器、打送桩。

计量单位：10m³

定　额　编　号				G2-172	G2-173	G2-174	G2-175
项　目　名　称				打桩机送预制钢筋混凝土离心管(方)桩			
				桩长(m)			
				12以内	18以内	30以内	30以外
基　　　价（元）				1525.35	1486.18	1294.31	1256.30
其中	人　工　费（元）			708.40	618.80	420.00	386.40
	材　料　费（元）			208.50	208.50	208.50	208.50
	机　械　费（元）			608.45	658.88	665.81	661.40
名　　称		单位	单价(元)	消	耗		量
人工	综合工日	工日	140.00	5.060	4.420	3.000	2.760
材料	麻袋	条	1.00	0.640	0.640	0.640	0.640
	送桩器摊销	kg	6.20	7.720	7.720	7.720	7.720
	硬木成材	m³	1280.00	0.125	0.125	0.125	0.125
机械	履带式柴油打桩机 2.5t	台班	881.04	0.506	—	—	—
	履带式柴油打桩机 3.5t	台班	1111.94	—	0.442	—	—
	履带式柴油打桩机 5t	台班	1840.62	—	—	0.300	—
	履带式柴油打桩机 7t	台班	2017.64	—	—	—	0.276
	履带式起重机 10t	台班	642.86	0.253	—	—	—
	履带式起重机 15t	台班	757.48	—	0.221	0.150	0.138

(3)压桩机压(送)预制钢筋混凝土离心管(方)桩

工作内容：准备打桩机具、移动打桩机、吊桩定位、压桩、接桩等。

计量单位：10m³

定额编号				G2-176	G2-177	G2-178	G2-179
项目名称				压桩机压预制钢筋混凝土离心管(方)桩			
				桩长(m)			
				12以内	18以内	30以内	30m以外
基价（元）				16690.19	16503.16	16367.41	16321.30
其中	人工费（元）			655.20	399.98	324.80	294.00
	材料费（元）			15197.50	15197.50	15197.50	15197.50
	机械费（元）			837.49	905.68	845.11	829.80
名称		单位	单价(元)	消	耗		量
人工	综合工日	工日	140.00	4.680	2.857	2.320	2.100
材料	工程用材	m³	2250.00	0.020	0.020	0.020	0.020
	麻袋	条	1.00	2.500	2.500	2.500	2.500
	预制钢筋混凝土离心管(方)桩	m³	1500.00	10.100	10.100	10.100	10.100
机械	静力压桩机 1200kN	台班	1468.08	0.468	—	—	—
	静力压桩机 2000kN	台班	2787.97	—	0.286	—	—
	静力压桩机 3000kN	台班	3263.97	—	—	0.232	—
	静力压桩机 4000kN	台班	3572.71	—	—	—	0.210
	履带式起重机 10t	台班	642.86	0.234	—	—	—
	履带式起重机 15t	台班	757.48	—	0.143	0.116	0.105

工作内容：吊送、安(拔)送桩器、压送桩。

计量单位：10m³

定　额　编　号			G2-180	G2-181	G2-182	G2-183
项　目　名　称			压桩机送预制钢筋混凝土离心管(方)桩			
			桩长(m)			
			12以内	18以内	30以内	30m以外
基　　　价　（元）			1641.03	1494.51	1303.96	1255.69
其中	人　工　费　（元）		687.96	470.40	341.04	308.70
	材　料　费　（元）		74.10	74.10	74.10	74.10
	机　械　费　（元）		878.97	950.01	888.82	872.89
名　　称	单位	单价(元)	消　　耗　　量			
人工	综合工日	工日	140.00	4.914	3.360	2.436	2.205
材料	麻袋	条	1.00	0.640	0.640	0.640	0.640
	送桩器摊销	kg	6.20	7.720	7.720	7.720	7.720
	硬木成材	m³	1280.00	0.020	0.020	0.020	0.020
机械	静力压桩机 1200kN	台班	1468.08	0.491	—	—	—
	静力压桩机 2000kN	台班	2787.97	—	0.300	—	—
	静力压桩机 3000kN	台班	3263.97	—	—	0.244	—
	静力压桩机 4000kN	台班	3572.71	—	—	—	0.221
	履带式起重机 10t	台班	642.86	0.246	—	—	—
	履带式起重机 15t	台班	757.48	—	0.150	0.122	0.110

3.打桩机打(送)钢管桩
(1)打桩机打(送)钢管桩

工作内容：准备打桩机具、移动打桩机、吊桩定位、打桩等。　　　　　　　　　　　　计量单位：10t

定 额 编 号				G2-184	G2-185	G2-186
项 目 名 称				打桩机打钢管桩		
				桩径450mm以内		
				桩长(m)		
				30以内	50以内	70以内
基 价（元）				69048.07	68725.83	67993.77
其中	人 工 费（元）			1216.04	901.32	676.06
	材 料 费（元）			66338.56	65991.32	65879.88
	机 械 费（元）			1493.47	1833.19	1437.83
名 称		单位	单价(元)	消	耗	量
人工	综合工日	工日	140.00	8.686	6.438	4.829
材料	白棕绳	kg	11.50	0.187	0.093	0.062
	钢管桩	t	6500.00	10.100	10.100	10.100
	硬垫木	m³	1709.00	0.008	0.004	0.003
	中厚钢板(综合)	kg	3.51	20.891	10.445	6.963
	桩帽	kg	4.27	1.794	1.794	0.598
	其他材料费	元	1.00	591.750	289.090	197.050
机械	履带式柴油打桩机 2.5t	台班	881.04	1.242	—	—
	履带式柴油打桩机 5t	台班	1840.62	—	0.826	—
	履带式柴油打桩机 7t	台班	2017.64	—	—	0.600
	履带式起重机 10t	台班	642.86	0.621	—	—
	履带式起重机 15t	台班	757.48	—	0.413	0.300

工作内容：准备打桩机具、移动打桩机、吊桩定位、打桩等。　　　　　　　　　　　　　　　　　计量单位：10t

定 额 编 号			G2-187	G2-188	G2-189
项 目 名 称			打桩机打钢管桩		
			桩径650mm以内		
			桩长(m)		
			30以内	50以内	70以内
基 价（元）			68342.62	68044.95	67626.42
其中	人 工 费（元）		862.12	675.92	506.94
	材 料 费（元）		66223.60	65930.88	65849.40
	机 械 费（元）		1256.90	1438.15	1270.08
名 称	单位	单价（元）	消	耗	量
人工 综合工日	工日	140.00	6.158	4.828	3.621
材料 白棕绳	kg	11.50	0.125	0.063	0.042
钢管桩	t	6500.00	10.100	10.100	10.100
硬垫木	m³	1709.00	0.005	0.003	0.002
中厚钢板(综合)	kg	3.51	26.960	13.480	8.987
桩帽	kg	4.27	2.011	1.005	0.670
其他材料费	元	1.00	460.400	223.420	161.090
机械 履带式柴油打桩机 2.5t	台班	881.04	1.045	—	—
履带式柴油打桩机 5t	台班	1840.62	—	0.648	—
履带式柴油打桩机 7t	台班	2017.64	—	—	0.530
履带式起重机 10t	台班	642.86	0.523	—	—
履带式起重机 15t	台班	757.48	—	0.324	0.265

工作内容：准备打桩机具、移动打桩机、吊桩定位、打桩等。 计量单位：10t

定 额 编 号				G2-190	G2-191	G2-192
项 目 名 称				打桩机打钢管桩		
				桩径1000mm以内		
				桩长(m)		
				30以内	50以内	70以内
基 价 （元）				67866.51	67639.56	67341.94
其中	人 工 费（元）			629.72	482.86	351.68
	材 料 费（元）			66169.88	65913.86	65830.41
	机 械 费（元）			1066.91	1242.84	1159.85
名 称		单位	单价（元）	消	耗	量
人工	综合工日	工日	140.00	4.498	3.449	2.512
材料	白棕绳	kg	11.50	0.106	0.053	0.035
	钢管桩	t	6500.00	10.100	10.100	10.100
	硬垫木	m³	1709.00	0.003	0.002	0.001
	中厚钢板(综合)	kg	3.51	36.535	18.268	12.179
	桩帽	kg	4.27	2.385	1.193	0.755
	其他材料费	元	1.00	375.110	190.620	132.330
机械	履带式柴油打桩机 2.5t	台班	881.04	0.887	—	—
	履带式柴油打桩机 5t	台班	1840.62	—	0.560	—
	履带式柴油打桩机 7t	台班	2017.64	—	—	0.484
	履带式起重机 10t	台班	642.86	0.444	—	—
	履带式起重机 15t	台班	757.48	—	0.280	0.242

工作内容：吊送、安(拔)送桩器、打送桩。 計量単位：10t

定 额 编 号				G2-193	G2-194	G2-195
项 目 名 称				打桩机送钢管桩		
				桩径450mm以内		
				桩长(m)		
				30以内	50以内	70以内
基 价（元）				3077.98	3060.96	2358.22
其中	人 工 费（元）			1337.70	991.48	743.68
	材 料 费（元）			97.71	52.46	32.93
	机 械 费（元）			1642.57	2017.02	1581.61
名 称		单位	单价(元)	消	耗	量
人工	综合工日	工日	140.00	9.555	7.082	5.312
材料	白棕绳	kg	11.50	0.187	0.093	0.062
	硬垫木	m³	1709.00	0.008	0.004	0.003
	中厚钢板(综合)	kg	3.51	20.891	10.445	6.963
	桩帽	kg	4.27	1.794	1.794	0.598
	其他材料费	元	1.00	0.900	0.233	0.100
机械	履带式柴油打桩机 2.5t	台班	881.04	1.366	—	—
	履带式柴油打桩机 5t	台班	1840.62	—	0.909	—
	履带式柴油打桩机 7t	台班	2017.64	—	—	0.660
	履带式起重机 10t	台班	642.86	0.683	—	—
	履带式起重机 15t	台班	757.48	—	0.454	0.330

工作内容：吊送、安(拔)送桩器、打送桩。

计量单位：10t

定 额 编 号				G2-196	G2-197	G2-198
项 目 名 称				打桩机送钢管桩		
				桩径650mm以内		
				桩长(m)		
				30以内	50以内	70以内
基 价 （元）				2749.21	2380.15	1947.71
其中	人 工 费（元）			948.36	740.46	511.84
	材 料 费（元）			114.05	57.67	38.40
	机 械 费（元）			1686.80	1582.02	1397.47
	名 称	单位	单价(元)	消	耗	量
人工	综合工日	工日	140.00	6.774	5.289	3.656
材料	白棕绳	kg	11.50	0.125	0.063	0.042
	硬垫木	m³	1709.00	0.005	0.003	0.002
	中厚钢板(综合)	kg	3.51	26.960	13.480	8.987
	桩帽	kg	4.27	2.011	1.005	0.670
	其他材料费	元	1.00	0.850	0.208	0.094
机械	履带式柴油打桩机 2.5t	台班	881.04	1.495	—	—
	履带式柴油打桩机 5t	台班	1840.62	—	0.713	—
	履带式柴油打桩机 7t	台班	2017.64	—	—	0.583
	履带式起重机 10t	台班	642.86	0.575	—	—
	履带式起重机 15t	台班	757.48	—	0.356	0.292

工作内容：吊送、安(拨)送桩器、打送桩。 计量单位：10t

定 额 编 号				G2-199	G2-200	G2-201
项 目 名 称				打桩机送钢管桩		
				桩径1000mm以内		
				桩长(m)		
				30以内	50以内	70以内
基 价（元）				2012.00	1971.76	1710.09
其中	人 工 费（元）			692.72	531.16	386.82
	材 料 费（元）			145.67	73.47	48.40
	机 械 费（元）			1173.61	1367.13	1274.87
名 称		单位	单价(元)	消	耗	量
人工	综合工日	工日	140.00	4.948	3.794	2.763
材料	白棕绳	kg	11.50	0.106	0.053	0.035
	硬垫木	m³	1709.00	0.003	0.002	0.001
	中厚钢板(综合)	kg	3.51	36.535	18.268	12.179
	桩帽	kg	4.27	2.385	1.193	0.795
	其他材料费	元	1.00	0.900	0.231	0.150
机械	履带式柴油打桩机 2.5t	台班	881.04	0.976	—	—
	履带式柴油打桩机 5t	台班	1840.62	—	0.616	—
	履带式柴油打桩机 7t	台班	2017.64	—	—	0.532
	履带式起重机 10t	台班	642.86	0.488	—	—
	履带式起重机 15t	台班	757.48	—	0.308	0.266

(2) 钢管桩切割

工作内容：准备打桩机具、测定标高、划线整圆，精割、清泥、除锈、安放及焊接盖帽。

计量单位：10根

定 额 编 号				G2-202	G2-203	G2-204
项 目 名 称				钢管桩切割		
				桩径(mm)		
				450以内	650以内	1000以内
基 价（元）				1315.84	1474.78	1677.74
其中	人 工 费（元）			490.00	560.00	630.00
	材 料 费（元）			237.12	241.96	290.81
	机 械 费（元）			588.72	672.82	756.93
名 称		单位	单价(元)	消	耗	量
人工	综合工日	工日	140.00	3.500	4.000	4.500
材料	氧气	m³	3.63	31.800	32.500	39.001
	乙炔气	m³	11.48	10.600	10.800	13.000
机械	半自动切割机 100mm	台班	83.55	0.700	0.800	0.900
	履带式起重机 15t	台班	757.48	0.700	0.800	0.900

工作内容：准备打桩机具、测定标高、划线整圆，精割、清泥、除锈、安放及焊接盖帽。

计量单位：10只

定　额　编　号			G2-205	G2-206	G2-207
项　目　名　称			钢管桩精割盖帽		
			桩径(mm)		
			450以内	650以内	1000以内
基　　　　价（元）			3683.25	5555.24	8061.40
其中	人　工　费（元）		527.94	585.20	642.32
	材　料　费（元）		2545.56	4131.63	6199.58
	机　械　费（元）		609.75	838.41	1219.50
名　　称		单位	单价（元）	消　　耗　　量		
人工	综合工日	工日	140.00	3.771	4.180	4.588
材料	电焊丝	kg	7.28	17.200	25.500	38.600
	钢帽 φ400（成品）	个	239.00	10.010	—	—
	钢帽 φ600（成品）	个	390.00	—	10.010	—
	钢帽 φ900（成品）	个	585.00	—	—	10.010
	焊剂	kg	3.25	8.601	12.950	19.300
机械	风割机	台班	91.33	0.640	0.880	1.280
	交流弧焊机 32kV·A	台班	83.14	0.800	1.100	1.600
	履带式起重机 15t	台班	757.48	0.640	0.880	1.280

147

(3)钢管桩管内取土、填心

工作内容：准备打桩机具、测定标高、划线整圆，精割、清泥、除锈、安放及焊接盖帽。

计量单位：10m³

定 额 编 号				G2-208	G2-209	G2-210
项 目 名 称				钢管桩	钢管桩管内填心	
				管内取土	现浇混凝土	商品混凝土
基 价（元）				875.74	3759.62	3896.92
其中	人 工 费（元）			537.60	537.60	134.40
	材 料 费（元）			—	3143.88	3762.02
	机 械 费（元）			338.14	78.14	0.50
名 称		单位	单价（元）	消	耗	量
人工	综合工日	工日	140.00	3.840	3.840	0.960
材料	串桶方斗摊销	kg	4.11	—	4.000	—
	电	kW·h	0.68	—	4.121	4.121
	商品混凝土 C20（泵送）	m³	363.30	—	—	10.100
	现浇混凝土 C20	m³	296.56	—	10.100	—
	其他材料费	元	1.00	—	129.380	89.890
机械	螺旋钻机 600mm	台班	704.46	0.480	—	—
	潜水泵 100mm	台班	27.85	—	0.018	0.018
	双锥反转出料混凝土搅拌机 750L	台班	323.49	—	0.240	—

148

4. 预制桩、离心桩、钢管桩接桩
(1) 预制桩接桩

工作内容：准备接桩机具、材料、接桩。

计量单位：10个

定 额 编 号				G2-211	G2-212	G2-213	G2-214
项 目 名 称				预制桩接桩			
				包角钢	包钢板	螺栓+电焊	硫磺胶泥
基 价（元）				3435.95	4626.49	1570.35	2198.13
其中	人 工 费（元）			976.08	1020.04	596.40	571.20
	材 料 费（元）			528.09	1717.35	95.90	594.46
	机 械 费（元）			1931.78	1889.10	878.05	1032.47
名 称		单位	单价（元）	消	耗		量
人工	综合工日	工日	140.00	6.972	7.286	4.260	4.080
材料	电焊条	kg	5.98	40.000	53.200	15.300	—
	垫铁	kg	4.20	—	1.050	1.050	—
	钢板	t	3170.00	—	0.440	—	—
	角钢 30×4	t	3611.11	0.080	—	—	—
	硫磺胶泥 6：4：0.2	m³	9907.73	—	—	—	0.060
机械	交流弧焊机 32kV·A	台班	83.14	2.128	3.822	0.510	—
	静力压桩机 1200kN	台班	1468.08	—	—	—	0.267
	履带式柴油打桩机 2.5t	台班	881.04	1.071	0.959	0.510	0.267
	履带式起重机 15t	台班	757.48	1.071	0.959	0.510	0.535

(2)离心桩接桩

工作内容：准备接桩机具、材料、接桩。

计量单位：10个

定　额　编　号				G2-215	G2-216	G2-217	G2-218
项　目　名　称				离心管桩接桩			
				二氧化碳气体保护焊			
				桩径(mm)			
				400以内	600以内	800以内	1000以内
基　　　　　价（元）				872.58	1364.89	1985.88	2482.77
其中	人　工　费（元）			302.40	472.64	687.68	860.16
	材　料　费（元）			133.64	210.01	305.47	381.83
	机　械　费（元）			436.54	682.24	992.73	1240.78
名　　称		单位	单价（元）	消　　　耗　　　量			
人工	综合工日	工日	140.00	2.160	3.376	4.912	6.144
材料	电焊丝	kg	7.28	15.667	24.620	35.811	44.764
	二氧化碳气体	kg	5.00	3.917	6.155	8.953	11.190
机械	二氧化碳气体保护焊机 250A	台班	63.53	0.270	0.421	0.614	0.767
	静力压桩机 1200kN	台班	1468.08	0.135	0.211	0.307	0.384
	履带式柴油打桩机 2.5t	台班	881.04	0.135	0.211	0.307	0.383
	履带式起重机 15t	台班	757.48	0.135	0.211	0.307	0.384

150

工作内容：准备接桩机具、材料、接桩。 计量单位：10个

定 额 编 号				G2-219	G2-220	G2-221	G2-222
项 目 名 称				离心方桩接桩			
				二氧化碳气体保护焊			
				桩径(mm)			
				400以内	500以内	600以内	700以内
基 价（元）				1028.28	1443.24	1888.44	2232.13
其中	人 工 费（元）			356.16	499.52	654.08	772.80
	材 料 费（元）			157.90	222.61	290.19	343.65
	机 械 费（元）			514.22	721.11	944.17	1115.68
名 称		单位	单价(元)	消 耗			量
人工	综合工日	工日	140.00	2.544	3.568	4.672	5.520
材料	电焊丝	kg	7.28	18.487	26.097	34.020	40.288
	二氧化碳气体	kg	5.00	4.662	6.524	8.505	10.071
机械	二氧化碳气体保护焊机 250A	台班	63.53	0.319	0.446	0.583	0.691
	静力压桩机 1200kN	台班	1468.08	0.159	0.223	0.292	0.345
	履带式柴油打桩机 2.5t	台班	881.04	0.159	0.223	0.292	0.345
	履带式起重机 15t	台班	757.48	0.159	0.223	0.292	0.345

(3)钢管桩接桩

工作内容：准备接桩机具、材料、接桩。 计量单位：10个

定 额 编 号				G2-223	G2-224	G2-225
项 目 名 称				钢管桩接桩		
				桩径(mm)		
				450以内	650以内	1000以内
基 价（元）				1274.02	1920.64	2672.73
其中	人 工 费（元）			457.94	489.72	534.38
	材 料 费（元）			153.17	230.64	343.74
	机 械 费（元）			662.91	1200.28	1794.61
名 称		单位	单价(元)	消	耗	量
人工	综合工日	工日	140.00	3.271	3.498	3.817
材料	电焊丝	kg	7.28	17.200	25.900	38.600
	焊剂	kg	3.25	8.601	12.950	19.301
机械	等离子切割机 400A	台班	219.59	0.560	0.560	0.720
	交流弧焊机 32kV•A	台班	83.14	0.560	0.560	1.440
	履带式柴油打桩机 2.5t	台班	881.04	0.560	—	—
	履带式柴油打桩机 5t	台班	1840.62	—	0.560	—
	履带式柴油打桩机 8t	台班	2106.65	—	—	0.720

5.沉管式灌注混凝土桩

(1)钢筋混凝土桩尖制作及埋设

工作内容：模板制作安装拆除、钢筋制作、混凝土制作浇灌、振实养护、堆放及挖坑埋桩尖等。

计量单位：100个

定　额　编　号			G2-226	G2-227	G2-228
项　目　名　称			预制钢筋混凝土桩尖制作、埋设		
			桩径(mm)		
			φ325	φ377	φ426
基　　价（元）			4696.62	5880.49	7167.00
其中	人　工　费（元）		1384.32	1757.98	2156.14
	材　料　费（元）		2771.18	3442.31	4174.93
	机　械　费（元）		541.12	680.20	835.93
名　　　称		单位	单价(元)	消　　耗	量
人工	综合工日	工日	140.00	9.888	12.557	15.401
材料	电焊条	kg	5.98	6.720	7.752	8.685
	镀锌铁丝 22号	kg	3.57	2.302	2.471	2.679
	镀锌铁丝 8号	kg	3.57	1.187	1.595	2.044
	钢丝绳	kg	6.00	0.121	0.163	0.208
	工程用材	m³	2250.00	0.004	0.005	0.007
	角钢(综合)	kg	3.61	0.036	0.041	0.046
	螺纹钢筋 HRB400 φ10以内	t	3500.00	0.237	0.254	0.276
	螺纹钢筋 HRB400 φ10以内	kg	3.50	0.066	0.072	0.078
	松木成材	m³	1435.27	0.268	0.361	0.461
	现浇混凝土 C30	m³	319.73	3.828	5.151	6.585
	中厚钢板(综合)	t	3512.00	0.065	0.075	0.084
	其他材料费	元	1.00	42.090	51.350	60.610
机械	点焊机 75kV·A	台班	131.22	0.003	0.003	0.003
	电动单筒慢速卷扬机 50kN	台班	215.57	0.023	0.025	0.027
	机动翻斗车 1t	台班	220.18	0.072	0.096	0.123
	交流弧焊机 32kV·A	台班	83.14	4.665	5.741	6.929
	皮带运输机 15×0.5m	台班	320.05	0.029	0.038	0.049
	汽车式起重机 8t	台班	763.67	0.086	0.115	0.148
	少先吊 1t	台班	203.36	0.029	0.038	0.049
	双锥反转出料混凝土搅拌机 500L	台班	277.72	0.029	0.038	0.049
	载重汽车 8t	台班	501.85	0.086	0.115	0.148

(2)单打沉管灌注混凝土桩

工作内容：1.机具准备，桩机移位，沉管打孔；
2.安装钢筋笼、灌注混凝土、拔钢管。

计量单位：10m³

定　额　编　号				G2-229	G2-230	G2-231
项　目　名　称				打桩机单打沉管灌注混凝土桩		
				桩长(m)		
				10以内	15以内	15以外
基　　　　　价（元）				5734.29	5502.59	5316.05
其中	人　工　费（元）			1162.56	1064.00	967.68
	材　料　费（元）			3868.72	3795.18	3763.21
	机　械　费（元）			703.01	643.41	585.16
名　　称		单位	单价(元)	消　　耗　　量		
人工	综合工日	工日	140.00	8.304	7.600	6.912
材料	方木	m³	2029.00	0.015	0.015	0.015
	金属周转材料	kg	6.80	6.990	6.990	6.990
	现浇混凝土 C30	m³	319.73	11.740	11.510	11.410
	硬木成材	m³	1280.00	0.029	0.029	0.029
机械	机动翻斗车 1t	台班	220.18	0.519	0.475	0.432
	履带式柴油打桩机 2.5t	台班	881.04	0.519	0.475	0.432
	双锥反转出料混凝土搅拌机 350L	台班	253.32	0.519	0.475	0.432

(3)复打沉管灌注混凝土桩

工作内容：1.机具准备，桩机移位，沉管打孔；
　　　　　2.安装钢筋笼、灌注混凝土、拔钢管。

计量单位：10m³

定　额　编　号				G2-232	G2-233	G2-234
项　目　名　称				打桩机复打沉管灌注混凝土桩		
				桩长(m)		
				10以内	15以内	15以外
基　　　价（元）				5374.51	5160.79	4981.84
其中	人　工　费（元）			1046.08	958.72	869.12
	材　料　费（元）			3695.86	3622.33	3587.16
	机　械　费（元）			632.57	579.74	525.56
名　　　称		单位	单价（元）	消　　耗　　量		
人工	综合工日	工日	140.00	7.472	6.848	6.208
材料	方木	m³	2029.00	0.015	0.015	0.015
	金属周转材料	kg	6.80	5.080	5.080	5.080
	现浇混凝土 C30	m³	319.73	11.240	11.010	10.900
	硬木成材	m³	1280.00	0.029	0.029	0.029
机械	机动翻斗车 1t	台班	220.18	0.467	0.428	0.388
	履带式柴油打桩机 2.5t	台班	881.04	0.467	0.428	0.388
	双锥反转出料混凝土搅拌机 350L	台班	253.32	0.467	0.428	0.388

(4)夯扩沉管灌注混凝土桩
①一次夯扩夯扩沉管灌注混凝土桩

工作内容：1.机具准备，桩机移位，沉管打孔；
2.安装钢筋笼、灌注混凝土、拔钢管。

计量单位：10m³

定　额　编　号			G2-235	G2-236
项　目　名　称			打桩机打夯扩桩	
			一次夯扩	
			桩长(m)	
			10以内	10以外
基　　　　　价（元）			5822.16	5670.50
其中	人　工　费（元）		1193.92	1189.44
	材　料　费（元）		3879.18	3802.44
	机　械　费（元）		749.06	678.62
名　　　称		单位	单价（元）	消　　耗　　量
人工	综合工日	工日	140.00	8.528	8.496
材料	方木	m³	2029.00	0.016	0.016
	金属周转材料	kg	6.80	8.230	8.230
	现浇混凝土 C30	m³	319.73	11.740	11.500
	硬木成材	m³	1280.00	0.029	0.029
机械	机动翻斗车 1t	台班	220.18	0.553	0.501
	履带式柴油打桩机 2.5t	台班	881.04	0.553	0.501
	双锥反转出料混凝土搅拌机 350L	台班	253.32	0.553	0.501

156

②二次夯扩夯扩沉管灌注混凝土桩

工作内容：1.机具准备，桩机移位，沉管打孔、二次拔内管、二次投夯扩料；
2.安装钢筋笼、灌注混凝土、拔钢管。

计量单位：10m³

定 额 编 号				G2-237	G2-238
项 目 名 称				打桩机打夯扩桩	
				二次夯扩	
				桩长(m)	
				10以内	10以外
基 价（元）				6165.31	5872.90
其中	人 工 费（元）			1424.64	1290.24
	材 料 费（元）			3879.18	3802.44
	机 械 费（元）			861.49	780.22
名 称		单位	单价(元)	消 耗	量
人工	综合工日	工日	140.00	10.176	9.216
材料	方木	m³	2029.00	0.016	0.016
	金属周转材料	kg	6.80	8.230	8.230
	现浇混凝土 C30	m³	319.73	11.740	11.500
	硬木成材	m³	1280.00	0.029	0.029
机械	机动翻斗车 1t	台班	220.18	0.636	0.576
	履带式柴油打桩机 2.5t	台班	881.04	0.636	0.576
	双锥反转出料混凝土搅拌机 350L	台班	253.32	0.636	0.576

6. 钻(挖)孔灌注混凝土桩
(1)埋设钢护筒

工作内容：挖土，护筒吊装、就位、埋设、接护筒，定位下沉，还土、夯实，护筒拆除，清洗、堆放等全部操作过程。

计量单位：10m

定 额 编 号				G2-239	G2-240	G2-241
项 目 名 称				埋设钢护筒		
				桩径(mm)		
				800以内	1000以内	1200以内
基 价 （元）				1278.55	1570.03	1965.76
其中	人 工 费（元）			804.44	993.16	1209.04
	材 料 费（元）			119.00	137.00	200.00
	机 械 费（元）			355.11	439.87	556.72
名 称		单位	单价(元)	消	耗	量
人工	综合工日	工日	140.00	5.746	7.094	8.636
材料	钢护筒	t	4500.00	0.022	0.026	0.040
	其他材料费	元	1.00	20.000	20.000	20.000
机械	汽车式起重机 8t	台班	763.67	0.465	0.576	0.729

158

工作内容：挖土，护筒吊装、就位、埋设、接护筒，定位下沉，还土、夯实，护筒拆除，清洗、堆放等全部操作过程。

计量单位：10m

定 额 编 号			G2-242	G2-243
项 目 名 称			埋设钢护筒	
			桩径(mm)	
			1500以内	2000以内
基 价（元）			2836.93	3140.01
其中	人 工 费（元）		1627.92	2163.84
	材 料 费（元）		753.50	371.00
	机 械 费（元）		455.51	605.17
名 称	单位	单价(元)	消 耗 量	
人工 综合工日	工日	140.00	11.628	15.456
材料 钢护筒	t	4500.00	0.163	0.078
其他材料费	元	1.00	20.000	20.000
机械 电动单筒快速卷扬机 10kN	台班	201.58	0.485	0.644
电动双筒慢速卷扬机 50kN	台班	239.69	0.485	0.644
履带式电动起重机 5t	台班	249.22	0.969	1.288

(2)灌注混凝土桩钻(挖)孔

①回旋钻机钻孔

工作内容:安拆钻架及制浆系统、就位、制浆、钻进、提钻、压浆、出渣、清孔等。　　计量单位:10m³

定 额 编 号				G2-244	G2-245	G2-246
项 目 名 称				回旋钻机钻孔		
				桩径800mm以内		
				孔深(m)		
				20以内	40以内	60以内
基 价 (元)				2773.00	2656.77	2546.13
其中	人 工 费 (元)			792.12	752.50	714.98
	材 料 费 (元)			445.73	445.73	445.73
	机 械 费 (元)			1535.15	1458.54	1385.42
名 称		单位	单价(元)	消	耗	量
人工	综合工日	工日	140.00	5.658	5.375	5.107
材料	黏土	m³	—	(0.688)	(0.688)	(0.688)
	电焊条	kg	5.98	1.120	1.120	1.120
	垫木	m³	2350.00	0.085	0.085	0.085
	金属周转材料	kg	6.80	2.880	2.880	2.880
	水	m³	7.96	27.600	27.600	27.600
机械	回旋钻机 800mm	台班	681.48	1.743	1.656	1.573
	交流弧焊机 32kV•A	台班	83.14	0.144	0.137	0.130
	泥浆泵 100mm	台班	192.40	1.743	1.656	1.573

注:黏土如为外购,可按市场价列入。

160

工作内容：安拆钻架及制浆系统、就位、制浆、钻进、提钻、压浆、出渣、清孔等。　　　计量单位：10m³

定　额　编　号			G2-247	G2-248	G2-249
项　目　名　称			回旋钻机钻孔		
			桩径1000mm以内		
			孔深(m)		
			20以内	40以内	60以内
基　　　价（元）			2236.82	2144.86	2056.90
其中	人　工　费（元）		628.88	597.52	567.56
	材　料　费（元）		387.98	387.98	387.98
	机　械　费（元）		1219.96	1159.36	1101.36
名　　称	单位	单价(元)	消	耗	量
人工	综合工日	工日	140.00	4.492	4.268	4.054
材料	黏土	m³	—	(0.543)	(0.543)	(0.543)
	电焊条	kg	5.98	1.050	1.050	1.050
	垫木	m³	2350.00	0.064	0.064	0.064
	金属周转材料	kg	6.80	2.315	2.315	2.315
	水	m³	7.96	27.080	27.080	27.080
机械	回旋钻机 1000mm	台班	703.36	1.348	1.281	1.217
	交流弧焊机 32kV·A	台班	83.14	0.150	0.143	0.135
	泥浆泵 100mm	台班	192.40	1.348	1.281	1.217

注：黏土如为外购，可按市场价列入。

工作内容：安拆钻架及制浆系统、就位、制浆、钻进、提钻、压浆、出渣、清孔等。　　计量单位：10m³

定　额　编　号				G2-250	G2-251	G2-252
项　目　名　称				回旋钻机钻孔		
				桩径1200mm以内		
				孔深(m)		
				20以内	40以内	60以内
基　　　　价（元）				1820.82	1745.89	1675.25
其中	人　工　费（元）			605.50	575.12	546.28
	材　料　费（元）			330.23	330.23	330.23
	机　械　费（元）			885.09	840.54	798.74
名　　称		单位	单价（元）	消　　耗　　量		
人工	综合工日	工日	140.00	4.325	4.108	3.902
材料	黏土	m³	—	(0.417)	(0.417)	(0.417)
	电焊条	kg	5.98	0.980	0.980	0.980
	垫木	m³	2350.00	0.043	0.043	0.043
	金属周转材料	kg	6.80	1.750	1.750	1.750
	水	m³	7.96	26.560	26.560	26.560
机械	回旋钻机 1500mm	台班	725.35	0.953	0.905	0.860
	交流弧焊机 32kV·A	台班	83.14	0.126	0.120	0.114
	泥浆泵 100mm	台班	192.40	0.953	0.905	0.860

注：黏土如为外购，可按市场价列入。

162

工作内容：安拆钻架及制浆系统、就位、制浆、钻进、提钻、压浆、出渣、清孔等。　　计量单位：10m³

定 额 编 号			G2-253	G2-254	G2-255
项 目 名 称			回旋钻机钻孔		
			桩径1500mm以内		
			孔深(m)		
			20以内	40以内	60以内
基 价 （元）			1459.93	1397.81	1349.79
其中	人 工 费（元）		480.90	448.56	434.00
	材 料 费（元）		281.74	281.74	281.74
	机 械 费（元）		697.29	667.51	634.05
名 称		单位	单价（元）	消　耗　量		
人工	综合工日	工日	140.00	3.435	3.204	3.100
材料	黏土	m³	—	(0.290)	(0.290)	(0.290)
	电焊条	kg	5.98	0.840	0.840	0.840
	垫木	m³	2350.00	0.040	0.040	0.040
	金属周转材料	kg	6.80	1.000	1.000	1.000
	水	m³	7.96	22.100	22.100	22.100
机械	回旋钻机 1500mm	台班	725.35	0.750	0.718	0.682
	交流弧焊机 32kV·A	台班	83.14	0.108	0.103	0.098
	泥浆泵 100mm	台班	192.40	0.750	0.718	0.682

注：黏土如为外购，可按市场价列入。

工作内容：安拆钻架及制浆系统、就位、制浆、钻进、提钻、压浆、出渣、清孔等。　　计量单位：10m³

定　额　编　号				G2-256	G2-257	G2-258
项　目　名　称				回旋钻机钻孔		
				桩径2000mm以内		
				孔深(m)		
				20以内	40以内	60以内
基　　　　价（元）				1248.48	1204.34	1149.34
其中	人　工　费（元）			418.18	397.32	377.44
	材　料　费（元）			234.78	234.78	234.78
	机　械　费（元）			595.52	572.24	537.12
名　　　称		单位	单价(元)	消　　耗　　量		
人工	综合工日	工日	140.00	2.987	2.838	2.696
材料	黏土	m³	—	(0.180)	(0.180)	(0.180)
	电焊条	kg	5.98	0.714	0.714	0.714
	垫木	m³	2350.00	0.032	0.032	0.032
	金属周转材料	kg	6.80	0.850	0.850	0.850
	水	m³	7.96	18.785	18.785	18.785
机械	回旋钻机 1500mm	台班	725.35	0.643	0.618	0.580
	交流弧焊机 32kV·A	台班	83.14	0.065	0.061	0.058
	泥浆泵 100mm	台班	192.40	0.643	0.618	0.580

注：黏土如为外购，可按市场价列入。

164

工作内容：安拆钻架及制浆系统、就位、制浆、钻进、提钻、压浆、出渣、清孔等。　　计量单位：10m³

定　额　编　号			G2-259	G2-260	G2-261
项　目　名　称			回旋钻机钻孔		
			桩径2000mm以外		
			孔深(m)		
			20以内	40以内	60以内
基　　　价（元）			1154.80	1107.59	1063.16
其中	人　工　费（元）		376.32	357.56	339.64
	材　料　费（元）		211.52	211.52	211.52
	机　械　费（元）		566.96	538.51	512.00
名　　　称		单位	单价(元)	消　　耗　　量	
人工	综合工日	工日	140.00	2.688	2.554	2.426
材料	黏土	m³	—	(0.612)	(0.612)	(0.612)
	电焊条	kg	5.98	0.643	0.643	0.643
	垫木	m³	2350.00	0.029	0.029	0.029
	金属周转材料	kg	6.80	0.765	0.765	0.765
	水	m³	7.96	16.875	16.875	16.875
机械	回旋钻机 2000mm	台班	780.16	0.578	0.549	0.522
	交流弧焊机 32kV·A	台班	83.14	0.058	0.055	0.052
	泥浆泵 100mm	台班	192.40	0.578	0.549	0.522

注：黏土如为外购，可按市场价列入。

工作内容：安拆钻架及制浆系统、就位、制浆、钻进、提钻、压浆、出渣、清孔等。　　计量单位：10m³

定　额　编　号				G2-262
项　目　名　称				入岩
				增加费
				软岩、较软岩
基　　　　价（元）				6401.31
其中	人　工　费（元）			3200.26
	材　料　费（元）			69.13
	机　械　费（元）			3131.92
名　　称	单位	单价(元)	消　　耗　　量	
人工	综合工日	工日	140.00	22.859
材料	黏土	m³	—	(0.390)
	金属周转材料	kg	6.80	3.400
	水	m³	7.96	5.780
机械	回旋钻机 500mm	台班	622.40	5.032

注：黏土如为外购，可按市场价列入。

166

②冲击钻机钻孔

工作内容：安拆钻架及制浆系统、就位、制浆、钻进、提钻、压浆、出渣、清孔等。　　　计量单位：10m³

定　额　编　号				G2-263	G2-264
项　目　名　称				冲击钻机钻孔	
				桩径1000mm以内	
				孔深(m)	
				20以内	40以内
基　　　　价　（元）				3384.52	3063.74
其中	人　工　费（元）			1881.60	1693.44
	材　料　费（元）			173.41	173.41
	机　械　费（元）			1329.51	1196.89
名　　　称		单位	单价(元)	消　　耗　　量	
人工	综合工日	工日	140.00	13.440	12.096
材料	黏土	m³	—	(1.770)	(1.770)
	电焊条	kg	5.98	0.917	0.917
	金属周转材料	kg	6.80	14.160	14.160
	水	m³	7.96	9.000	9.000
机械	冲击成孔机 1000mm	台班	593.99	2.015	1.814
	交流弧焊机 32kV·A	台班	83.14	0.040	0.036
	泥浆泵 100mm	台班	192.40	0.672	0.605

注：黏土如为外购，可按市场价列入。

工作内容：安拆钻架及制浆系统、就位、制浆、钻进、提钻、压浆、出渣、清孔等。　　计量单位：10m³

定　额　编　号				G2-265	G2-266
项　目　名　称				冲击钻机钻孔	
				桩径1500mm以内	
				孔深(m)	
				20以内	40以内
基　　　　　价（元）				2840.59	2574.15
其中	人　工　费（元）			1599.36	1439.48
	材　料　费（元）			173.41	173.41
	机　械　费（元）			1067.82	961.26
名　　　称		单位	单价（元）	消　　耗　　量	
人工	综合工日	工日	140.00	11.424	10.282
材料	黏土	m³	—	(1.770)	(1.770)
	电焊条	kg	5.98	0.917	0.917
	金属周转材料	kg	6.80	14.160	14.160
	水	m³	7.96	9.000	9.000
机械	冲击成孔机 700	台班	557.58	1.713	1.542
	交流弧焊机 32kV·A	台班	83.14	0.034	0.031
	泥浆泵 100mm	台班	192.40	0.571	0.514

注：黏土如为外购，可按市场价列入。

工作内容：安拆钻架及制浆系统、就位、制浆、钻进、提钻、压浆、出渣、清孔等。　　计量单位：10m³

定　额　编　号				G2-267	G2-268	G2-269
项　目　名　称				冲击钻机钻孔		
				入岩增加费		
				软岩	较软岩	较硬岩
基　　　价（元）				6065.34	7997.50	12690.44
其中	人　工　费（元）			3724.00	4712.40	7526.40
	材　料　费（元）			150.06	150.06	150.06
	机　械　费（元）			2191.28	3135.04	5013.98
名　　称		单位	单价（元）	消　　耗		量
人工	综合工日	工日	140.00	26.600	33.660	53.760
材料	黏土	m³	—	(1.500)	(1.500)	(1.500)
	电焊条	kg	5.98	0.800	0.800	0.800
	金属周转材料	kg	6.80	12.000	12.000	12.000
	水	m³	7.96	8.000	8.000	8.000
机械	冲击成孔机 700	台班	557.58	3.520	5.038	8.060
	交流弧焊机 32kV·A	台班	83.14	0.035	0.035	0.035
	泥浆泵 100mm	台班	192.40	1.173	1.679	2.687

注：黏土如为外购，可按市场价列入。

③卷扬机带冲抓锥冲孔

工作内容：装、拆、移钻架，安装扬机，串钢丝绳；准备抓具，冲抓，提钻，出渣，清孔等。

计量单位：10m³

定　额　编　号				G2-270	G2-271	G2-272	G2-273
项　目　名　称				卷扬机带冲抓锥冲孔			
				桩径800mm以内			
				孔深(m)			
				20以内	30以内	40以内	50以内
基　　价（元）				4211.20	3931.59	3736.35	3539.52
其中	人　工　费（元）			2097.76	1955.52	1850.24	1746.08
	材　料　费（元）			189.24	189.24	189.24	189.24
	机　械　费（元）			1924.20	1786.83	1696.87	1604.20
名　　称		单位	单价（元）	消　　耗　　量			
人工	综合工日	工日	140.00	14.984	13.968	13.216	12.472
材料	黏土	m³	—	(1.850)	(1.850)	(1.850)	(1.850)
	电焊条	kg	5.98	1.050	1.050	1.050	1.050
	金属周转材料	kg	6.80	15.200	15.200	15.200	15.200
	水	m³	7.96	10.000	10.000	10.000	10.000
机械	带冲击锤冲孔桩机	台班	827.04	2.141	1.987	1.888	1.782
	交流弧焊机 32kV·A	台班	83.14	0.194	0.194	0.194	0.194
	泥浆泵 100mm	台班	192.40	0.714	0.662	0.620	0.594

注：黏土如为外购，可按市场价列入。

工作内容：装、拆、移钻架，安装扬机，串钢丝绳；准备抓具，冲抓，提钻，出渣，清孔等。

计量单位：10m³

定 额 编 号			单位	单价(元)	G2-274	G2-275	G2-276	G2-277
项 目 名 称					卷扬机带冲抓锥冲孔			
					桩径1000mm以内			
					孔深(m)			
					20以内	30以内	40以内	50以内
基 价（元）					3993.47	3787.97	3587.55	3444.18
其中	人 工 费（元）				1993.60	1886.08	1781.92	1706.88
	材 料 费（元）				170.35	170.35	170.35	170.35
	机 械 费（元）				1829.52	1731.54	1635.28	1566.95
名 称			单位	单价(元)	消 耗 量			
人工	综合工日		工日	140.00	14.240	13.472	12.728	12.192
材料	黏土		m³	—	(1.665)	(1.665)	(1.665)	(1.665)
	电焊条		kg	5.98	0.950	0.950	0.950	0.950
	金属周转材料		kg	6.80	13.680	13.680	13.680	13.680
	水		m³	7.96	9.000	9.000	9.000	9.000
机械	带冲击锤冲孔桩机		台班	827.04	2.034	1.925	1.818	1.742
	交流弧焊机 32kV·A		台班	83.14	0.203	0.192	0.182	0.174
	泥浆泵 100mm		台班	192.40	0.678	0.642	0.606	0.581

注：黏土如为外购，可按市场价列入。

工作内容：安拆钻架及制浆系统、就位、制浆、钻进、提钻、压浆、出渣、清孔等。　　计量单位：10m³

定　额　编　号				G2-278	G2-279	G2-280	G2-281
项　目　名　称				卷扬机带冲抓锥冲孔			
				桩径1500mm以内			
				孔深(m)			
				20以内	30以内	40以内	50以内
基　　　　价（元）				3837.26	3635.65	3435.24	3219.12
其中	人　工　费（元）			1921.92	1816.64	1712.48	1599.78
	材　料　费（元）			151.39	151.39	151.39	151.39
	机　械　费（元）			1763.95	1667.62	1571.37	1467.95
名　　称		单位	单价(元)	消　　　　耗　　　　量			
人工	综合工日	工日	140.00	13.728	12.976	12.232	11.427
材料	黏土	m³	—	(1.850)	(1.850)	(1.850)	(1.850)
	电焊条	kg	5.98	0.840	0.840	0.840	0.840
	金属周转材料	kg	6.80	12.160	12.160	12.160	12.160
	水	m³	7.96	8.000	8.000	8.000	8.000
机械	带冲击锤冲孔桩机	台班	827.04	1.961	1.854	1.747	1.632
	交流弧焊机 32kV·A	台班	83.14	0.196	0.185	0.175	0.163
	泥浆泵 100mm	台班	192.40	0.654	0.618	0.582	0.544

注：黏土如为外购，可按市价列入。

工作内容：安拆钻架及制浆系统、就位、制浆、钻进、提钻、压浆、出渣、清孔等。　　　计量单位：10m³

定 额 编 号				G2-282	G2-283	G2-284	G2-285
项 目 名 称				卷扬机带冲抓锥冲孔			
				桩径2000mm以内			
				孔深(m)			
				20以内	30以内	40以内	50以内
基　　　价（元）				3688.51	3483.37	3281.01	3079.59
其中	人 工 费（元）			1854.16	1747.20	1641.92	1536.64
	材 料 费（元）			132.47	132.47	132.47	132.47
	机 械 费（元）			1701.88	1603.70	1506.62	1410.48
名 称		单位	单价（元）	消	耗		量
人工	综合工日	工日	140.00	13.244	12.480	11.728	10.976
材料	黏土	m³	—	(1.295)	(1.295)	(1.295)	(1.295)
	电焊条	kg	5.98	0.735	0.735	0.735	0.735
	金属周转材料	kg	6.80	10.640	10.640	10.640	10.640
	水	m³	7.96	7.000	7.000	7.000	7.000
机械	带冲击锤冲孔桩机	台班	827.04	1.892	1.783	1.675	1.568
	交流弧焊机 32kV·A	台班	83.14	0.189	0.178	0.168	0.157
	泥浆泵 100mm	台班	192.40	0.631	0.594	0.558	0.523

注：黏土如为外购，可按市场价列入。

工作内容：安拆钻架及制浆系统、就位、制浆、钻进、提钻、压浆、出渣、清孔等。　　计量单位：10m³

定　额　编　号				G2-286	G2-287	G2-288
项　目　名　称				卷扬机带冲抓锥冲孔		
				入岩增加费		
				软岩	较软岩	较硬岩
基　　　价（元）				9055.53	11723.67	13501.16
其中	人　工　费（元）			4655.00	6052.20	6983.20
	材　料　费（元）			151.39	151.39	151.39
	机　械　费（元）			4249.14	5520.08	6366.57
名　　　称		单位	单价（元）	消	耗	量
人工	综合工日	工日	140.00	33.250	43.230	49.880
材料	黏土	m³	—	(1.480)	(1.480)	(1.480)
	电焊条	kg	5.98	0.840	0.840	0.840
	金属周转材料	kg	6.80	12.160	12.160	12.160
	水	m³	7.96	8.000	8.000	8.000
机械	带冲击锤冲孔桩机	台班	827.04	4.750	6.176	7.126
	交流弧焊机 32kV·A	台班	83.14	0.194	0.194	0.194
	泥浆泵 100mm	台班	192.40	1.583	2.059	2.375

注：黏土如为外购，可按市场价列入。

④螺旋钻机钻孔

工作内容：安、拆钻架、钻进、提钻、出渣、清孔、测量孔径、孔深等。　　　　　计量单位：10m³

定　额　编　号				G2-289	G2-290
项　目　名　称				螺旋钻孔机钻孔	
				桩径400mm以内	
				孔深(m)	
				10以内	10以外
基　　　　价（元）				2041.59	1940.89
其中	人　工　费（元）			1217.44	1153.60
	材　料　费（元）			28.98	28.98
	机　械　费（元）			795.17	758.31
名　　称		单位	单价（元）	消　　耗　　量	
人工	综合工日	工日	140.00	8.696	8.240
材料	电焊条	kg	5.98	3.537	3.537
	金属周转材料	kg	6.80	1.152	1.152
机械	交流弧焊机 32kV·A	台班	83.14	1.110	1.110
	螺旋钻机 400mm	台班	646.63	1.087	1.030

工作内容：安、拆钻架、钻进、提钻、出渣、清孔、测量孔径、孔深等。　　　　　　计量单位：10m³

定　额　编　号				G2-291	G2-292
项　目　名　称				螺旋钻孔机钻孔	
				桩径600mm以内	
				孔深（m）	
				10以内	10以外
基　　　价（元）				1869.10	1845.22
其中	人　工　费（元）			1072.96	1083.60
	材　料　费（元）			28.98	28.98
	机　械　费（元）			767.16	732.64
名　　称		单位	单价（元）	消　　耗　　量	
人工	综合工日	工日	140.00	7.664	7.740
材料	电焊条	kg	5.98	3.537	3.537
	金属周转材料	kg	6.80	1.152	1.152
机械	交流弧焊机 32kV·A	台班	83.14	1.110	1.110
	螺旋钻机 600mm	台班	704.46	0.958	0.909

工作内容：安、拆钻架、钻进、提钻、出渣、清孔、测量孔径、孔深等。　　　　　　　计量单位：10m³

定　额　编　号				G2-293	G2-294
项　目　名　称				螺旋钻孔机钻孔	
				桩径800mm以内	
				孔深(m)	
				10以内	10以外
基　　　　　价（元）				1740.07	1643.59
其中	人　工　费（元）			939.68	883.68
	材　料　费（元）			28.98	28.98
	机　械　费（元）			771.41	730.93
名　　　称		单位	单价（元）	消　　耗　　量	
人工	综合工日	工日	140.00	6.712	6.312
材料	电焊条	kg	5.98	3.537	3.537
	金属周转材料	kg	6.80	1.152	1.152
机械	交流弧焊机 32kV·A	台班	83.14	1.110	1.110
	螺旋钻机 800mm	台班	809.44	0.839	0.789

工作内容：安、拆钻架、钻进、提钻、出渣、清孔、测量孔径、孔深等。　　　　　　　计量单位：10m³

定　额　编　号	G2-295
	螺旋钻孔机钻孔
项　目　名　称	入岩增加费
	软岩
基　　　　价（元）	3512.15

其中	人　工　费（元）	2020.20
	材　料　费（元）	12.58
	机　械　费（元）	1479.37

	名　　称	单位	单价(元)	消　　耗　　量
人工	综合工日	工日	140.00	14.430
材料	金属周转材料	kg	6.80	1.850
机械	螺旋钻机孔径(综合)	台班	704.46	2.100

⑤旋挖桩机钻孔

工作内容：安拆钻架及制浆系统、就位、制浆、钻进、提钻、压浆、出渣、清孔等。　　　　计量单位：10m³

定　额　编　号				G2-296	G2-297	G2-298
项　目　名　称				旋挖钻机钻孔		
				桩径800mm以内		
				孔深(m)		
				20以内	40以内	60以内
基　　　　价（元）				2668.51	2507.65	2448.80
其中	人　工　费（元）			883.26	807.24	785.96
	材　料　费（元）			227.86	227.86	227.86
	机　械　费（元）			1557.39	1472.55	1434.98
名　　称		单位	单价（元）	消	耗	量
人工	综合工日	工日	140.00	6.309	5.766	5.614
材料	黏土	m³	—	(0.670)	(0.670)	(0.670)
	电焊条	kg	5.98	1.232	1.232	1.232
	金属周转材料	kg	6.80	6.930	6.930	6.930
	水	m³	7.96	21.780	21.780	21.780
机械	交流弧焊机 32kV·A	台班	83.14	0.197	0.186	0.182
	履带式旋挖钻机 1000mm	台班	1888.98	0.789	0.746	0.727
	泥浆泵 100mm	台班	192.40	0.263	0.249	0.242

注：黏土如为外购，可按市场价列入。

工作内容：安拆钻架及制浆系统、就位、制浆、钻进、提钻、压浆、出渣、清孔等。　　计量单位：10m³

定　额　编　号				G2-299	G2-300	G2-301
项　目　名　称				旋挖钻机钻孔		
				桩径1000mm以内		
				孔深(m)		
				20以内	40以内	60以内
基　　　　　价（元）				2267.15	2150.05	2032.66
其中	人　工　费（元）			745.92	703.36	660.80
	材　料　费（元）			207.15	207.15	207.15
	机　械　费（元）			1314.08	1239.54	1164.71
名　　称		单位	单价(元)	消	耗	量
人工	综合工日	工日	140.00	5.328	5.024	4.720
材料	黏土	m³	—	(0.610)	(0.610)	(0.610)
	电焊条	kg	5.98	1.120	1.120	1.120
	金属周转材料	kg	6.80	6.300	6.300	6.300
	水	m³	7.96	19.800	19.800	19.800
机械	交流弧焊机 32kV·A	台班	83.14	0.160	0.157	0.148
	履带式旋挖钻机 1000mm	台班	1888.98	0.666	0.628	0.590
	泥浆泵 100mm	台班	192.40	0.222	0.209	0.197

注：黏土如为外购，可按市场价列入。

180

工作内容：安拆钻架及制浆系统、就位、制浆、钻进、提钻、压浆、出渣、清孔等。　　计量单位：10m³

定　额　编　号			G2-302	G2-303	G2-304
项　目　名　称			旋挖钻机钻孔		
			桩径1200mm以内		
			孔深(m)		
			20以内	40以内	60以内
基　　　　价（元）			2070.12	1975.94	1885.66
其中	人　工　费（元）		634.06	602.42	572.18
	材　料　费（元）		176.07	176.07	176.07
	机　械　费（元）		1259.99	1197.45	1137.41
名　　　　称		单位	单价（元）	消　　耗　　量	
人工	综合工日	工日	140.00	4.529	4.303	4.087
材料	黏土	m³	—	(0.521)	(0.521)	(0.521)
	电焊条	kg	5.98	0.952	0.952	0.952
	金属周转材料	kg	6.80	5.355	5.355	5.355
	水	m³	7.96	16.830	16.830	16.830
机械	交流弧焊机 32kV·A	台班	83.14	0.142	0.134	0.128
	履带式旋挖钻机 1200mm	台班	2141.02	0.566	0.538	0.511
	泥浆泵 100mm	台班	192.40	0.189	0.179	0.170

注：黏土如为外购，可按市场价列入。

181

工作内容：安拆钻架及制浆系统、就位、制浆、钻进、提钻、压浆、出渣、清孔等。　　　　计量单位：10m³

定　额　编　号				G2-305	G2-306	G2-307
项　目　名　称				旋挖钻机钻孔		
				桩径1500mm以内		
				孔深(m)		
				20以内	40以内	60以内
基　　　　价（元）				1756.44	1687.95	1625.07
其中	人　工　费（元）			519.82	506.80	494.20
	材　料　费（元）			149.69	149.69	149.69
	机　械　费（元）			1086.93	1031.46	981.18
名　　　称		单位	单价（元）	消	耗	量
人工	综合工日	工日	140.00	3.713	3.620	3.530
材料	黏土	m³	—	(0.432)	(0.432)	(0.432)
	电焊条	kg	5.98	0.810	0.810	0.810
	金属周转材料	kg	6.80	4.550	4.550	4.550
	水	m³	7.96	14.310	14.310	14.310
机械	交流弧焊机 32kV·A	台班	83.14	0.111	0.105	0.100
	履带式旋挖钻机 1500mm	台班	2553.32	0.411	0.390	0.371
	泥浆泵 100mm	台班	192.40	0.147	0.140	0.133

注：黏土如为外购，可按市场价列入。

工作内容：安拆钻架及制浆系统、就位、制浆、钻进、提钻、压浆、出渣、清孔等。　　计量单位：10m³

定　额　编　号			G2-308	G2-309	G2-310
项　目　名　称			旋挖钻机钻孔		
			桩径1800mm以内		
			孔深(m)		
			20以内	40以内	60以内
基　　　　　价（元）			1654.17	1579.34	1505.44
其中	人　工　费（元）		441.84	419.72	398.72
	材　料　费（元）		127.25	127.25	127.25
	机　械　费（元）		1085.08	1032.37	979.47
名　　称	单位	单价（元）	消　　耗　　量		
人工 综合工日	工日	140.00	3.156	2.998	2.848
材料 黏土	m³	—	(0.367)	(0.367)	(0.367)
电焊条	kg	5.98	0.689	0.689	0.689
金属周转材料	kg	6.80	3.868	3.868	3.868
水	m³	7.96	12.164	12.164	12.164
机械 交流弧焊机 32kV·A	台班	83.14	0.087	0.083	0.079
履带式旋挖钻机 1800mm	台班	3024.45	0.349	0.332	0.315
泥浆泵 100mm	台班	192.40	0.116	0.111	0.105

注：黏土如为外购，可按市场价列入。

工作内容：安拆钻架及制浆系统、就位、制浆、钻进、提钻、压浆、出渣、清孔等。　　计量单位：10m³

定　额　编　号				G2-311	G2-312	G2-313
项　目　名　称				旋挖钻机钻孔		
				桩径2000mm以内		
				孔深(m)		
				20以内	40以内	60以内
基　　　　价（元）				1583.73	1509.32	1439.21
其中	人　工　费（元）			397.60	377.72	358.82
	材　料　费（元）			114.52	114.52	114.52
	机　械　费（元）			1071.61	1017.08	965.87
名　　　　称		单位	单价(元)	消　　　耗		量
人工	综合工日	工日	140.00	2.840	2.698	2.563
材料	黏土	m³	—	(0.297)	(0.330)	(0.330)
	电焊条	kg	5.98	0.620	0.620	0.620
	金属周转材料	kg	6.80	3.481	3.481	3.481
	水	m³	7.96	10.948	10.948	10.948
机械	交流弧焊机 32kV·A	台班	83.14	0.079	0.075	0.071
	履带式旋挖钻机 2000mm	台班	3327.52	0.314	0.298	0.283
	泥浆泵 100mm	台班	192.40	0.105	0.100	0.095

注：黏土如为外购，可按市场价列入。

184

工作内容：安拆钻架及制浆系统、就位、制浆、钻进、提钻、压浆、出渣、清孔等。　　计量单位：10m³

定　额　编　号				G2-314	G2-315	G2-316
项　目　名　称				旋挖钻机钻孔		
				入岩增加费		
				软岩	较软岩	较硬岩
基　　　　价（元）				4079.07	5247.61	6766.71
其中	人　工　费（元）			1540.00	2002.00	2602.60
	材　料　费（元）			183.95	183.95	183.95
	机　械　费（元）			2355.12	3061.66	3980.16
名　　　称		单位	单价（元）	消　　耗　　量		
人工	综合工日	工日	140.00	11.000	14.300	18.590
材料	黏土	m³	—	(0.485)	(0.330)	(0.330)
	金属周转材料	kg	6.80	7.900	7.900	7.900
	水	m³	7.96	16.360	16.360	16.360
机械	履带式旋挖钻机 1200mm	台班	2141.02	1.100	1.430	1.859

注：黏土如为外购，可按市场价列入。

⑥挖孔桩挖孔

工作内容：1.挖土(石)，垂直运输土(石)，抛土(石)于井边外1.5m，场内50m土(石)运输；
2.坑井内照明，砌砖护壁或支钢模浇混凝土护壁；
3.井口加盖防护。

计量单位：10m³

定　额　编　号				G2-317	G2-318	G2-319
项　目　名　称				挖孔桩挖孔		
				桩深(m)		
				10以内	15以内	20以内
基　　价（元）				1553.18	1818.01	2082.03
其中	人　工　费（元）			1506.12	1765.40	2023.28
	材　料　费（元）			30.00	35.00	40.00
	机　械　费（元）			17.06	17.61	18.75
名　　称		单位	单价（元）	消	耗	量
人工	综合工日	工日	140.00	10.758	12.610	14.452
材料	其他材料费	元	1.00	30.000	35.000	40.000
机械	吹风机 4m³/min	台班	20.27	0.725	0.750	0.800
	其他机械费	元	1.00	2.360	2.410	2.530

186

工作内容：1.挖土(石)，垂直运输土(石)，抛土(石)于井边外1.5m，场内50m土(石)运输；
　　　　　2.坑井内照明，砌砖护壁或支钢模浇混凝土护壁；
　　　　　3.井口加盖防护。　　　　　　　　　　　　　　　　　　　　计量单位：10m³

定　额　编　号				G2-320	G2-321	G2-322
项　目　名　称				挖孔桩挖孔		
				桩深(m)		
				25以内	30以内	30以外
基　　　　　价（元）				2175.50	2604.14	3248.35
其中	人　工　费（元）			2111.20	2533.72	3166.80
	材　料　费（元）			45.00	50.00	60.00
	机　械　费（元）			19.30	20.42	21.55
名　　称		单位	单价(元)	消　　耗　　量		
人工	综合工日	工日	140.00	15.080	18.098	22.620
材料	其他材料费	元	1.00	45.000	50.000	60.000
机械	吹风机 4m³/min	台班	20.27	0.825	0.875	0.925
	其他机械费	元	1.00	2.580	2.680	2.800

工作内容：1.挖土(石)，垂直运输土(石)，抛土(石)于井边外1.5m，场内50m土(石)运输；
2.坑井内照明，砌砖护壁或支钢模浇混凝土护壁；
3.井口加盖防护。

计量单位：10m³

定 额 编 号			G2-323	G2-324	G2-325	G2-326
项 目 名 称			挖孔桩挖孔			
			入岩增加费			
			软岩	较软岩	较硬岩	坚硬岩
基 价（元）			1503.21	1624.10	1962.10	2321.55
其中	人 工 费（元）		1379.70	1485.82	1804.18	2122.54
	材 料 费（元）		43.31	51.83	53.35	74.25
	机 械 费（元）		80.20	86.45	104.57	124.76
名 称	单位	单价（元）	消	耗		量
人工	综合工日	工日	140.00	9.855	10.613	12.887	15.161
材料	镐钎	kg	8.60	1.800	1.980	1.980	2.700
	其他材料费	元	1.00	27.830	34.800	36.320	51.030
机械	电动空气压缩机 6m³/min	台班	206.73	0.281	0.303	0.366	0.433
	手持式风动凿岩机	台班	12.25	1.805	1.944	2.360	2.877

188

工作内容：1.砖护壁材料场内运输；
2.护壁混凝土搅拌，场内运输。

计量单位：10m³

定　额　编　号				G2-327	G2-328
项　目　名　称				挖孔桩护壁	
				砖深15以内	混凝土
基　　　　　价（元）				3340.88	3774.40
其中	人　工　费（元）			241.78	449.82
	材　料　费（元）			3015.15	3261.25
	机　械　费（元）			83.95	63.33
	名　　　称	单位	单价（元）	消　　耗　　量	
人工	综合工日	工日	140.00	1.727	3.213
材料	标准砖 240×115×53	千块	414.53	6.250	—
	水泥砂浆 M5.0	m³	192.88	2.200	—
	现浇混凝土 C30	m³	319.73	—	10.200
机械	灰浆搅拌机 200L	台班	215.26	0.390	—
	双锥反转出料混凝土搅拌机 350L	台班	253.32	—	0.250

(3)钻(挖)灌注桩灌注混凝土
①钻灌注桩水下灌注砼

工作内容：1.安拆浇筑架、导管；
2.混凝土搅拌、运输、浇捣；
3.材料运输等全部操作过程。

计量单位：10m³

定 额 编 号			G2-329	G2-330
项 目 名 称			水下灌注混凝土	
			自拌混凝土	商品混凝土
基 价（元）			4581.32	5053.94
其中	人 工 费（元）		502.60	169.12
	材 料 费（元）		3768.21	4789.24
	机 械 费（元）		310.51	95.58
名 称	单位	单价（元）	消 耗	量
人工 综合工日	工日	140.00	3.590	1.208
材料 导管	kg	4.60	3.800	3.800
钢丝绳	kg	6.00	1.743	1.743
商品混凝土 C30(泵送)	m³	403.82	—	11.670
现浇混凝土 C30	m³	319.73	11.620	—
橡皮球胆	只	12.80	0.100	0.100
其他材料费	元	1.00	23.730	47.440
机械 电动单筒慢速卷扬机 10kN	台班	203.56	0.255	0.225
机动翻斗车 1t	台班	220.18	0.255	—
浇筑架	台班	221.23	0.255	0.225
履带式电动起重机 5t	台班	249.22	0.255	—
双锥反转出料混凝土搅拌机 750L	台班	323.49	0.255	—

②钻(挖)孔灌注桩灌注砼

工作内容：1.安拆导管；
2.混凝土搅拌、运输、浇捣、材料运输等全部操作过程。 计量单位：10m³

定 额 编 号			G2-331	G2-332
项 目 名 称			灌注桩混凝土干法浇筑	
			钻孔	
			自拌混凝土	商品混凝土
基 价（元）			4471.30	4950.28
其中	人 工 费（元）		506.38	162.40
	材 料 费（元）		3808.34	4787.88
	机 械 费（元）		156.58	—
名 称	单位	单价(元)	消 耗 量	
人工	综合工日	工日	140.00	3.617	1.160
材料	串桶方斗摊销	kg	4.11	4.950	—
	电	kW·h	0.68	4.739	4.763
	商品混凝土 C30(泵送)	m³	403.82	—	11.673
	现浇混凝土 C30	m³	319.73	11.615	—
	其他材料费	元	1.00	71.110	70.850
机械	机动翻斗车 1t	台班	220.18	0.288	—
	双锥反转出料混凝土搅拌机 750L	台班	323.49	0.288	—

工作内容：1.安拆导管；
　　　　　2.混凝土搅拌、运输、浇捣、材料运输等全部操作过程。　　　　　　　　　　计量单位：10m³

定　额　编　号			G2-333	G2-334
项　目　名　称			灌注桩混凝土干法浇筑	
			挖孔	
			自拌混凝土	商品混凝土
基　　　　　价（元）			4141.96	4534.79
其中	人　工　费（元）		506.38	162.40
	材　料　费（元）		3479.00	4372.39
	机　械　费（元）		156.58	—
名　　称	单位	单价（元）	消　　耗　　量	
人工	综合工日	工日	140.00	3.617	1.160
材料	串桶方斗摊销	kg	4.11	4.950	—
	电	kW·h	0.68	4.327	4.349
	商品混凝土 C30(泵送)	m³	403.82	—	10.660
	现浇混凝土 C30	m³	319.73	10.605	—
	其他材料费	元	1.00	64.980	64.710
机械	机动翻斗车 1t	台班	220.18	0.288	—
	双锥反转出料混凝土搅拌机 750L	台班	323.49	0.288	—

192

(4)灌注桩后压浆

工作内容：声测管制作、焊接、埋设安装、清洗管道等全部过程。　　　　　计量单位：10m

定　额　编　号			G2-335	G2-336	G2-337
项　目　名　称			声测管埋设		
			钢管	钢质波纹管	塑料管
基　　　　价（元）			340.21	495.01	55.79
其中	人　工　费（元）		12.46	12.46	10.64
	材　料　费（元）		327.75	482.55	45.15
	机　械　费（元）		—	—	—
名　　　称	单位	单价（元）	消　　耗		量
人工	综合工日	工日	140.00	0.089	0.089	0.076
材料	底盖	个	2.00	0.500	0.500	0.500
	镀锌铁丝 16号	kg	3.57	0.392	0.392	0.392
	防尘盖	个	2.00	0.300	0.300	0.300
	钢管 DN65	m	28.16	10.600	—	—
	钢质波纹管 DN60	m	45.00	—	10.600	—
	接头管箍	个	15.00	1.700	0.120	1.700
	密封圈	只	5.00	0.150	0.150	0.150
	塑料管	m	1.50	—	—	10.600

工作内容：1.注浆管制作、焊接、埋设安装、清洗管道等全部过程；
2.准备机具、浆液配制、压注浆等全部过程。

计量单位：10m

定 额 编 号				G2-338	G2-339
项 目 名 称				灌注桩后注浆	
				注浆管埋设	
				钢管	塑料管
基 价 （元）				205.24	46.00
其中	人 工 费 （元）			30.80	25.20
	材 料 费 （元）			174.44	20.80
	机 械 费 （元）			—	—
	名 称	单位	单价（元）	消 耗	量
人工	综合工日	工日	140.00	0.220	0.180
材料	电焊条	kg	5.98	0.250	—
	镀锌铁丝 18号	kg	3.57	—	0.392
	钢管 DN40	m	16.24	10.600	—
	塑料管	m	1.50	—	10.600
	氧气	m³	3.63	0.066	—
	乙炔气	m³	11.48	0.049	—
	其他材料费	元	1.00	—	3.500

194

工作内容：1.注浆管制作、焊接、埋设安装、清洗管道等全部过程；
　　　　　2.准备机具、浆液配制、压注浆等全部过程。

计量单位：10t

定　额　编　号				G2-340	
项　目　名　称				灌注桩后注浆	
				注浆	
基　　　　价（元）				6643.90	
其中	人　工　费（元）			1759.52	
	材　料　费（元）			3473.56	
	机　械　费（元）			1410.82	
名　　称		单位	单价（元）	消　　耗　　量	
人工	综合工日	工日	140.00	12.568	
材料	水	m³	7.96	64.000	
	水泥 32.5级	t	290.60	10.200	
机械	灰浆搅拌机 200L	台班	215.26	2.342	
	双液压注浆泵 PH2×5	台班	387.14	2.342	

(5)泥浆运输

工作内容：装卸泥浆、运输。

计量单位：10m³

定 额 编 号				G2-341	G2-342
项 目 名 称				泥浆运输	
				5km以内	每增1km
基 价（元）				540.63	11.72
其中	人 工 费（元）			189.00	—
	材 料 费（元）			—	—
	机 械 费（元）			351.63	11.72
名 称		单位	单价（元）	消 耗 量	
人工	综合工日	工日	140.00	1.350	—
机械	泥浆泵 100mm	台班	192.40	0.220	—
	洒水车 4000L	台班	468.64	0.660	0.025

(6)钢筋笼制安及护壁钢筋
①钢筋笼制作

工作内容：钢筋笼制作、堆放。

计量单位：t

定 额 编 号			G2-343	G2-344
项 目 名 称			钢筋笼制作	
			桩径(mm)	
			500以内	500以外
基 价 （元）			4150.20	4049.86
其中	人 工 费（元）		399.00	369.60
	材 料 费（元）		3589.15	3530.15
	机 械 费（元）		162.05	150.11
名 称	单位	单价（元）	消 耗 量	
人工 综合工日	工日	140.00	2.850	2.640
材料 电焊条	kg	5.98	5.200	8.160
镀锌铁丝 22号	kg	3.57	1.920	0.660
螺纹钢筋 HRB335 φ10以上	t	3400.00	—	0.910
螺纹钢筋 HRB400 φ10以内	t	3500.00	—	0.110
螺纹钢筋 HRB400 φ10以上	t	3500.00	0.832	—
圆钢 φ10以内	t	3400.00	0.188	—
机械 电动双筒慢速卷扬机 50kN	台班	239.69	0.285	0.264
钢筋弯曲机 40mm	台班	25.58	0.285	0.264
机动翻斗车 1t	台班	220.18	0.285	0.264
交流弧焊机 32kV·A	台班	83.14	0.285	0.264

工作内容：钢筋笼场内运输、吊装、安装；护壁钢筋、制作、安装。　　　　　　　　　计量单位：10根

定　额　编　号				G2-345	G2-346	G2-347
项　目　名　称				吊车安装钢筋笼		
				桩长(m)		
				15以内	25以内	25以外
基　　价（元）				1120.28	1264.06	1390.84
其中	人　工　费（元）			588.00	588.00	588.00
	材　料　费（元）			17.99	25.56	48.24
	机　械　费（元）			514.29	650.50	754.60
名　　称		单位	单价(元)	消　　耗		量
人工	综合工日	工日	140.00	4.200	4.200	4.200
材料	杉原木	m³	1512.31	0.010	0.015	0.030
	松木成材	m³	1435.27	0.002	0.002	0.002
机械	汽车式起重机 12t	台班	857.15	0.600	—	—
	汽车式起重机 25t	台班	1084.16	—	0.600	—
	汽车式起重机 32t	台班	1257.67	—	—	0.600

②吊车安装钢筋笼及护壁钢筋制安

工作内容：钢筋笼场内运输、吊装、安装；护壁钢筋、制作、安装。　　　　　　　　　　计量单位：t

定　额　编　号			G2-348
项　目　名　称			挖孔桩护壁钢筋
			制作安装
基　　　　价（元）			3873.31
其中	人　工　费（元）		350.00
	材　料　费（元）		3517.37
	机　械　费（元）		5.94
名　　　称	单位	单价（元）	消　耗　　量
人工	综合工日	工日	140.00	2.500
材料	镀锌铁丝 22号	kg	3.57	13.830
	圆钢(综合)	t	3400.00	1.020
机械	机动翻斗车 1t	台班	220.18	0.027

7.湖(河)堤打桩
(1)打木桩
①打圆木桩

工作内容：1.制桩、安桩箍；
　　　　　2.运桩；
　　　　　3.移动桩架；
　　　　　4.安拆桩帽；
　　　　　5.吊桩，定位，校正，打桩，送桩；
　　　　　6.打拔缆风桩，松紧缆风绳；
　　　　　7.锯桩顶等。

计量单位：10m³

定　额　编　号				G2-349	G2-350	G2-351
项　目　名　称				打圆木桩		
				简易打桩机		
				陆上	支架上	船上
基　　　　价（元）				14168.52	15106.70	17275.98
其中	人　工　费（元）			1452.36	2124.64	3536.40
	材　料　费（元）			12141.72	12141.72	12141.72
	机　械　费（元）			574.44	840.34	1597.86
名　　称		单位	单价（元）	消　　耗　　量		
人工	综合工日	工日	140.00	10.374	15.176	25.260
材料	扒钉	kg	3.85	0.570	0.570	0.570
	白棕绳	kg	11.50	0.410	0.410	0.410
	原木	m³	1491.00	0.013	0.013	0.013
	圆木桩	m³	1153.85	10.500	10.500	10.500
机械	电动单筒快速卷扬机 10kN	台班	201.58	1.482	2.168	2.525
	简易打桩架	台班	186.03	1.482	2.168	2.525
	木驳船 30t	台班	163.45	—	—	3.788

200

工作内容：1.制桩、安桩箍；
　　　　　2.运桩；
　　　　　3.移动桩架；
　　　　　4.安拆桩帽；
　　　　　5.吊桩，定位，校正，打桩，送桩；
　　　　　6.打拔缆风桩，松紧缆风绳；
　　　　　7.锯桩顶等。

计量单位：10m³

定 额 编 号				G2-352	G2-353	G2-354
项 目 名 称				打圆木桩		
				0.8t柴油打桩机		
				陆上	支架上	船上
基　　　　价（元）				13234.16	13701.80	14816.10
其中	人　工　费（元）			753.62	1074.08	1792.00
	材　料　费（元）			12135.94	12135.94	12135.94
	机　械　费（元）			344.60	491.78	888.16
名　　　　称		单位	单价（元）	消	耗	量
人工	综合工日	工日	140.00	5.383	7.672	12.800
材料	白棕绳	kg	11.50	0.080	0.080	0.080
	草纸	kg	1.00	2.500	2.500	2.500
	硬垫木	m³	1709.00	0.010	0.010	0.010
	圆木桩	m³	1153.85	10.500	10.500	10.500
机械	轨道式柴油打桩机 0.8t	台班	448.70	0.768	1.096	1.280
	木驳船 30t	台班	163.45	—	—	1.920

②打木板桩

工作内容：1.制桩、安桩箍；
　　　　　2.运桩；
　　　　　3.移动桩架；
　　　　　4.安拆桩帽；
　　　　　5.吊桩，定位，校正，打桩，送桩；
　　　　　6.打拔缆风桩，松紧缆风绳；
　　　　　7.锯桩顶等。

计量单位：10m³

定　额　编　号			G2-355	G2-356	G2-357
项　目　名　称			打木板桩		
			简易打桩机		
			陆上	支架上	船上
基　　　　价（元）			21165.80	22146.35	24950.06
其中	人　工　费（元）		1979.60	2904.72	4950.40
	材　料　费（元）		18404.39	18404.39	18404.39
	机　械　费（元）		781.81	837.24	1595.27
名　　　称	单位	单价（元）	消　　耗　　量		
人工	综合工日	工日	140.00	14.140	20.748	35.360
材料	扒钉	kg	3.85	0.570	0.570	0.570
	白棕绳	kg	11.50	0.420	0.420	0.420
	木板桩	m³	1750.00	10.500	10.500	10.500
	原木	m³	1491.00	0.015	0.015	0.015
机械	电动单筒快速卷扬机 10kN	台班	201.58	2.017	2.160	2.520
	简易打桩架	台班	186.03	2.017	2.160	2.520
	木驳船 30t	台班	163.45	—	—	3.784

202

工作内容：1.制桩、安桩箍；
　　　　　2.运桩；
　　　　　3.移动桩架；
　　　　　4.安拆桩帽；
　　　　　5.吊桩，定位，校正，打桩，送桩；
　　　　　6.打拔缆风桩，松紧缆风绳；
　　　　　7.锯桩顶等。

计量单位：10m³

定　额　编　号				G2-358	G2-359	G2-360
项　目　名　称				打木板桩		
				0.8t柴油打桩机		
				陆上	支架上	船上
基　　价（元）				19822.78	20538.56	21959.12
其中	人　工　费（元）			979.02	1470.00	2382.80
	材　料　费（元）			18395.51	18395.51	18395.51
	机　械　费（元）			448.25	673.05	1180.81
名　　称		单位	单价（元）	消	耗	量
人工	综合工日	工日	140.00	6.993	10.500	17.020
材料	白棕绳	kg	11.50	0.080	0.080	0.080
	草纸	kg	1.00	2.500	2.500	2.500
	木板桩	m³	1750.00	10.500	10.500	10.500
	硬垫木	m³	1709.00	0.010	0.010	0.010
机械	轨道式柴油打桩机 0.8t	台班	448.70	0.999	1.500	1.702
	木驳船 30t	台班	163.45	—	—	2.552

(2)打桩机打预制钢筋混凝土桩

①打桩机打预制钢筋砼板桩

工作内容：1.准备工作；
2.打拔导桩，安拆导向夹桩；
3.移动桩架；
4.捆桩、吊桩、就位、打桩、校正等全过程。

计量单位：10m³

定 额 编 号				G2-361	G2-362
项 目 名 称				打桩机打预制钢筋混凝土板桩	
				桩长(m)	
				8以内	
				支架上	船上
基 价（元）				15346.40	16503.40
其中	人 工 费（元）			1283.38	1848.00
	材 料 费（元）			13206.03	13206.03
	机 械 费（元）			856.99	1449.37
名 称		单位	单价(元)	消 耗 量	
人工	综合工日	工日	140.00	9.167	13.200
材料	草袋	m²	2.20	4.500	4.500
	钢筋混凝土板桩	m³	1300.00	10.100	10.100
	工程用材	m³	2250.00	0.020	0.020
	金属周转材料	kg	6.80	2.740	2.740
	麻袋	条	1.00	2.500	2.500
机械	轨道式柴油打桩机 1.2t	台班	685.34	0.917	1.320
	履带式电动起重机 5t	台班	249.22	0.917	1.320
	木驳船 30t	台班	163.45	—	1.320

工作内容：1.准备工作；
　　　　　2.打拔导桩，安拆导向夹桩；
　　　　　3.移动桩架；
　　　　　4.捆桩、吊桩、就位、打桩、校正等全过程。

计量单位：10m³

定　额　编　号			G2-363	G2-364
项　目　名　称			打桩机打预制钢筋混凝土板桩	
			桩长(m)	
			12以内	
			支架上	船上
基　　　　　　价（元）			15293.11	16616.12
其中	人　工　费（元）		1208.34	1740.06
	材　料　费（元）		13206.03	13206.03
	机　械　费（元）		878.74	1670.03
名　　称	单位	单价(元)	消　　耗　　量	
人工	综合工日	工日	140.00	8.631	12.429
材料	草袋	m²	2.20	4.500	4.500
	钢筋混凝土板桩	m³	1300.00	10.100	10.100
	工程用材	m³	2250.00	0.020	0.020
	金属周转材料	kg	6.80	2.740	2.740
	麻袋	条	1.00	2.500	2.500
机械	轨道式柴油打桩机 1.8t	台班	769.02	0.863	1.243
	履带式电动起重机 5t	台班	249.22	0.863	1.243
	木驳船 50t	台班	325.31	—	1.243

工作内容：1.准备工作；
　　　　　2.打拔导桩，安拆导向夹桩；
　　　　　3.移动桩架；
　　　　　4.捆桩、吊桩、就位、打桩、校正等全过程。

计量单位：10m³

定　额　编　号				G2-365	G2-366
项　目　名　称				打桩机打预制钢筋混凝土板桩	
				桩长(m)	
				16以内	
				支架上	船上
基　　　　　价（元）				15763.86	17290.79
其中	人　工　费（元）			1126.72	1622.46
	材　料　费（元）			13206.03	13206.03
	机　械　费（元）			1431.11	2462.30
	名　　称	单位	单价（元）	消　　耗　　量	
人工	综合工日	工日	140.00	8.048	11.589
材料	草袋	m²	2.20	4.500	4.500
	钢筋混凝土板桩	m³	1300.00	10.100	10.100
	工程用材	m³	2250.00	0.020	0.020
	金属周转材料	kg	6.80	2.740	2.740
	麻袋	条	1.00	2.500	2.500
机械	轨道式柴油打桩机 2.5t	台班	1020.30	0.805	1.159
	履带式起重机 15t	台班	757.48	0.805	1.159
	木驳船 80t	台班	346.72	—	1.159

②打桩机打预制钢筋砼方桩

工作内容：1. 准备工作；
2. 移动桩架；
3. 捆绑、吊桩、就位、打桩、校正全过程。

计量单位：10m³

定　额　编　号				G2-367	G2-368
项　目　名　称				打桩机打预制钢筋混凝土方桩	
				桩长(m)	
				8以内	
				支架上	船上
基　　　　　　价（元）				13776.95	14643.78
其中	人　工　费（元）			961.38	1384.32
	材　料　费（元）			12173.53	12173.53
	机　械　费（元）			642.04	1085.93
名　　称		单位	单价(元)	消　　　耗　　　量	
人工	综合工日	工日	140.00	6.867	9.888
材料	草袋	m²	2.20	4.500	4.500
	钢筋混凝土方桩	m³	1200.00	10.100	10.100
	工程用材	m³	2250.00	0.010	0.010
	金属周转材料	kg	6.80	2.740	2.740
	麻袋	条	1.00	2.500	2.500
机械	轨道式柴油打桩机 1.2t	台班	685.34	0.687	0.989
	履带式电动起重机 5t	台班	249.22	0.687	0.989
	木驳船 30t	台班	163.45	—	0.989

工作内容：1. 准备工作；
　　　　　2. 移动桩架；
　　　　　3. 捆绑、吊桩、就位、打桩、校正全过程。

计量单位：10m³

定　额　编　号			G2-369	G2-370
项　目　名　称			打桩机打预制钢筋混凝土方桩	
			桩长(m)	
			16以内	
			支架上	船上
基　　　价（元）			13668.00	14615.29
其中	人　工　费（元）		865.20	1246.00
	材　料　费（元）		12173.53	12173.53
	机　械　费（元）		629.27	1195.76
名　　称		单位	单价(元)	消　　耗　　量
人工	综合工日	工日	140.00	6.180	8.900
材料	草袋	m²	2.20	4.500	4.500
	钢筋混凝土方桩	m³	1200.00	10.100	10.100
	工程用材	m³	2250.00	0.010	0.010
	金属周转材料	kg	6.80	2.740	2.740
	麻袋	条	1.00	2.500	2.500
机械	轨道式柴油打桩机 1.8t	台班	769.02	0.618	0.890
	履带式电动起重机 5t	台班	249.22	0.618	0.890
	木驳船 50t	台班	325.31	—	0.890

208

工作内容：1.准备工作；
　　　　　2.移动桩架；
　　　　　3.捆绑、吊桩、就位、打桩、校正全过程。　　　　　　　　　计量单位：10m³

定　额　编　号				G2-371	G2-372
项　目　名　称				打桩机打预制钢筋混凝土方桩	
				桩长(m)	
				24以内	
				支架上	船上
基　　　　价（元）				13987.85	15042.21
其中	人　工　费（元）			779.10	1121.96
	材　料　费（元）			12218.53	12218.53
	机　械　费（元）			990.22	1701.72
名　　　称		单位	单价（元）	消　　耗　　量	
人工	综合工日	工日	140.00	5.565	8.014
材料	草袋	m²	2.20	4.500	4.500
	钢筋混凝土方桩	m³	1200.00	10.100	10.100
	工程用材	m³	2250.00	0.030	0.030
	金属周转材料	kg	6.80	2.740	2.740
	麻袋	条	1.00	2.500	2.500
机械	轨道式柴油打桩机 2.5t	台班	1020.30	0.557	0.801
	履带式起重机 15t	台班	757.48	0.557	0.801
	木驳船 80t	台班	346.72	—	0.801

③打桩机打预制钢筋砼管桩

工作内容：1.准备工作；
　　　　　2.移动桩架；
　　　　　3.捆绑、吊桩、就位、打桩、校正全过程。　　　　　　　　计量单位：10m³

定　额　编　号				G2-373	G2-374
项　目　名　称				打桩机打预制钢筋混凝土管桩	
				桩长(m)	
				18以内	
				支架上	船上
基　　　　　　价（元）				16956.70	18616.46
其中	人　工　费（元）			952.00	1346.66
	材　料　费（元）			15226.03	15226.03
	机　械　费（元）			778.67	2043.77
名　　称		单位	单价（元）	消　耗　　量	
人工	综合工日	工日	140.00	6.800	9.619
材料	草袋	m²	2.20	4.500	4.500
	钢筋混凝土管桩	m³	1500.00	10.100	10.100
	工程用材	m³	2250.00	0.020	0.020
	金属周转材料	kg	6.80	2.740	2.740
	麻袋	条	1.00	2.500	2.500
机械	轨道式柴油打桩机 2.5t	台班	1020.30	0.438	0.962
	履带式起重机 15t	台班	757.48	0.438	0.962
	木驳船 80t	台班	346.72	—	0.962

210

工作内容：1.准备工作；
　　　　　2.移动桩架；
　　　　　3.捆绑、吊桩、就位、打桩、校正全过程。　　　　　　　　　　计量单位：10m³

定　额　编　号				G2-375	G2-376
项　目　名　称				打桩机打预制钢筋混凝土管桩	
				桩长(m)	
				18以上	
				支架上	船上
基　　　　　价（元）				17157.83	18277.06
其中	人　工　费（元）			748.16	1077.30
	材　料　费（元）			15226.03	15226.03
	机　械　费（元）			1183.64	1973.73
名　　　称		单位	单价(元)	消　　耗　　量	
人工	综合工日	工日	140.00	5.344	7.695
材料	草袋	m²	2.20	4.500	4.500
	钢筋混凝土管桩	m³	1500.00	10.100	10.100
	工程用材	m³	2250.00	0.020	0.020
	金属周转材料	kg	6.80	2.740	2.740
	麻袋	条	1.00	2.500	2.500
机械	轨道式柴油打桩机 4t	台班	1459.08	0.534	0.770
	履带式起重机 15t	台班	757.48	0.534	0.770
	木驳船 80t	台班	346.72	—	0.770

第三章　拆除工程

说　明

一、本章的拆除、铲除工程适用范围仅限局部拆除工程，若是整栋房屋的拆除则不在本章范围内。

二、本章包括拆除材料运到建筑物外集中、分类堆码和垃圾、废土归堆。

三、拆除不包括材料的加工再利用，如剔砖灰、起钉、断料等。拆除时，如需搭设脚手架、支撑等，按相应定额项目执行。

四、本章拆除工程未考虑旧料的回收利用。

五、门窗拆除包括门、窗框及扇的整体拆除。

六、本章的拆除子目中同时编有人工和机械拆除项目时，具备机械拆除条件的，不能套用人工拆除子目。

七、机械拆除项目中包含了人工配合作业。

八、拆除混凝土管道未包括拆除基础及垫层用工。基础及垫层拆除另套用相应定额。管道拆除要求拆除后的管保持基本完好，破坏性拆除不得套用。

九、拆除工程定额中未考虑地下水因素，若发生则另行计算。

工程量计算规则

一、砌体及混凝土拆除按设计拆除体积计算。抹灰及镶贴块料面层与砌体及混凝土同时拆除时，并入其体积内。隔墙、隔断按设计拆除面积计算

二、屋面防水层、楼地面面层、天棚、墙面拆除铲除按设计拆除面积计算，不扣除室内柱子所占的面积。

三、清除油皮、铲除涂料、墙纸按设计清除面积计算。

四、栏杆及扶手、窗台板、门窗套、窗帘盒拆除按设计拆除长度计算。

五、门窗拆除按门窗洞口面积计算。木地板、木楼梯拆除按设计拆除水平投影面积计算。

六、路面凿毛、路面铣刨按施工组织设计的拆除面积计算。铣刨路面厚度大于 5cm 须分层铣刨。

七、道路拆除按设计拆除面积计算。

八、拆除侧缘石及拆除管道按设计拆除长度计算。

九、拆除构筑物及障碍物按设计拆除体积计算。

十、挖树蔸按实挖数以"棵"计算。

十一、预制混凝土桩凿桩头按设计图示桩截面乘以凿桩头长度，以体积计算。预制混凝土桩截桩头按根数计算。

十二、建筑垃圾外运按需外运的建筑垃圾，以体积计算。

一、拆除、铲除工程

1. 砌体及混凝土拆除

工作内容：拆除、清理现场、整堆材料。

计量单位：m³

定 额 编 号			G3-1	G3-2
项 目 名 称			人工拆除	
			轻质砌体	毛石砌体
基 价（元）			**49.53**	**79.85**
其中	人 工 费（元）		28.00	49.00
	材 料 费（元）		2.19	2.56
	机 械 费（元）		19.34	28.29
名 称	单位	单价（元）	消 耗 量	
人工	综合工日	工日	140.00	0.200	0.350
材料	风镐头	根	18.00	0.120	0.140
	高压胶管	m	8.00	0.004	0.005
机械	内燃空气压缩机 3m³/min	台班	217.28	0.080	0.117
	手持式风动凿岩机	台班	12.25	0.160	0.234

工作内容：拆除、清理现场、整堆材料。 计量单位：m³

定 额 编 号			G3-3	G3-4
项 目 名 称			人工拆除	
			混凝土	
			无筋	有筋
基 价（元）			200.59	317.33
其中	人 工 费（元）		123.20	201.60
	材 料 费（元）		2.92	5.48
	机 械 费（元）		74.47	110.25
名 称	单位	单价(元)	消 耗	量
人工	综合工日	工日	140.00	0.880	1.440
材料	风镐头	根	18.00	0.160	0.300
	高压胶管	m	8.00	0.005	0.010
机械	内燃空气压缩机 3m³/min	台班	217.28	0.308	0.456
	手持式风动凿岩机	台班	12.25	0.616	0.912

工作内容：拆除、清理现场、整堆材料。 计量单位：m³

定　额　编　号					G3-5	G3-6
项　目　名　称					机械拆除	
					轻质砌体	毛石砌体
基　　　　价（元）					16.37	26.16
其中	人　工　费（元）				6.30	11.06
	材　料　费（元）				—	—
	机　械　费（元）				10.07	15.10
名　　　称		单位	单价（元）	消　　　耗　　　量		
人工	综合工日	工日	140.00	0.045		0.079
机械	履带式液压岩石破碎机 HB20G	台班	457.61	0.022		0.033

工作内容：拆除、清理现场、整堆材料。 计量单位：m³

定　额　编　号			G3-7	G3-8
项　目　名　称			机械拆除	
			混凝土	
			无筋	有筋
基　　　　　价（元）			**60.10**	**113.32**
其中	人　工　费（元）		28.98	47.88
	材　料　费（元）		—	—
	机　械　费（元）		31.12	65.44
名　　　称	单位	单价(元)	消　　耗　　量	
人工　综合工日	工日	140.00	0.207	0.342
机械　履带式液压岩石破碎机 HB20G	台班	457.61	0.068	0.143

2.屋面防水层铲除

工作内容：清理基层，废渣运到室外30m以内地点堆放。　　　　　　　　　　　　　计量单位：m²

定　额　编　号			G3-9
项　目　名　称			铲除卷材防水层
基　　　　价（元）			3.78
其中	人　工　费（元）		3.78
	材　料　费（元）		—
	机　械　费（元）		—
名　　　称	单位	单价（元）	消　耗　　量
人 工　综合工日	工日	140.00	0.027

3. 楼地面面层拆除

工作内容：凿除整体面层、结合层、清理基层，废渣运到室外30m以内地点堆放。　　　　　计量单位：m²

定　额　编　号	G3-10
项　目　名　称	整体面层
	水泥砂浆
基　　价（元）	3.22
其中　人　工　费（元）	3.22
材　料　费（元）	—
机　械　费（元）	—

	名　　称	单位	单价(元)	消　　耗　　量
人 工	综合工日	工日	140.00	0.023

工作内容：凿除整体面层、结合层、清理基层，废渣运到室外30m以内地点堆放。　　　　　计量单位：m²

定　额　编　号				G3-11	G3-12
项　目　名　称				整体面层	
				素混凝土	
				30mm厚	每增减10mm
基　　　　　价（元）				6.30	2.10
其中	人　工　费（元）			6.30	2.10
	材　料　费（元）			—	—
	机　械　费（元）			—	—
名　　　称	单位	单价(元)	消　　　耗　　　量		
人　工	综合工日	工日	140.00	0.045	0.015

工作内容：凿除块料面层、结合层、清理基层，废渣运到室外30m以内地点堆放。　　　　　　计量单位：m²

定　额　编　号				G3-13	G3-14
项　目　名　称				块料面层	
				砂结合层	水泥砂浆结合层
基　　　价（元）				3.50	8.96
其中	人　工　费（元）			3.50	8.96
	材　料　费（元）			—	—
	机　械　费（元）			—	—
名　　　称		单位	单价（元）	消　　耗　　量	
人工	综合工日	工日	140.00	0.025	0.064

224

工作内容：凿除块料面层、结合层、清理基层，废渣运到室外30m以内地点堆放。　　　　　计量单位：㎡

定　额　编　号	G3-15
项　目　名　称	石材面层
	水泥砂浆结合层
基　　　价（元）	10.08

其中	人　工　费（元）	10.08
	材　料　费（元）	—
	机　械　费（元）	—

	名　　　称	单位	单价（元）	消　　耗　　量
人 工	综合工日	工日	140.00	0.072

225

4. 天棚拆除、铲除

工作内容：拆除或铲除灰壳，清理基层，废渣运到室外30m以内地点堆放。　　　　计量单位：m²

定 额 编 号			G3-16	G3-17	G3-18
项 目 名 称			天棚拆除		天棚铲除
			龙骨及面层	面层	砂浆粉刷层
基 价 （元）			4.76	1.68	4.34
其中	人 工 费（元）		4.76	1.68	4.34
	材 料 费（元）		—	—	—
	机 械 费（元）		—	—	—
名 称	单位	单价(元)	消	耗	量
人 工					
综合工日	工日	140.00	0.034	0.012	0.031

5. 墙面拆除、铲除

工作内容：拆除，将废料运到室外30m以内地点堆放。 计量单位：m²

定　额　编　号				G3-19	G3-20
项　目　名　称				墙面面层拆除	
				带龙骨	无龙骨
基　　　　价（元）				2.38	2.10
其中	人　工　费（元）			2.38	2.10
	材　料　费（元）			—	—
	机　械　费（元）			—	—
名　　　称		单位	单价（元）	消　　耗　　量	
人工	综合工日	工日	140.00	0.017	0.015

227

工作内容：凿除块料面层、结合层、清理基层，废渣运到室外30m以内地点堆放。　　　　计量单位：m²

定　额　编　号				G3-21	G3-22
项　目　名　称				块料面层拆除	
				粘贴	干挂
基　　　　价（元）				7.42	3.08
其中	人　工　费（元）			7.42	3.08
	材　料　费（元）			—	—
	机　械　费（元）			—	—
名　　　称		单位	单价(元)	消　耗　量	
人工	综合工日	工日	140.00	0.053	0.022

228

工作内容：凿除块料面层、结合层、清理基层，废渣运到室外30m以内地点堆放。　　　　　　　计量单位：m²

定　额　编　号				G3-23	G3-24
项　目　名　称				石材面层拆除	
				粘贴	干挂
基　　　　　价（元）				10.50	4.48
其中	人　工　费（元）			10.50	4.48
	材　料　费（元）			—	—
	机　械　费（元）			—	—
名　　　称		单位	单价（元）	消　　耗　　量	
人 工	综合工日	工日	140.00	0.075	0.032

工作内容：1.墙面面层铲除：铲除灰壳，清理基层，废渣运到室外30m以内地点堆放；
2.间壁墙拆除：拆除，将废料运到室外30m以内点堆放。 计量单位：m²

定　额　编　号				G3-25	G3-26
项　目　名　称				墙面面层铲除	间壁墙拆除(含龙骨)
				砂浆粉刷面	
基　　　　价（元）				3.36	5.60
其中	人　工　费（元）			3.36	5.60
	材　料　费（元）			—	—
	机　械　费（元）			—	—
名　　称	单位	单价（元）	消　　耗　　量		
人 工	综合工日	工日	140.00	0.024	0.040

6.清除油皮、拆除涂料、墙纸

工作内容：清除灰土、钉子、铲油皮、磨砂等，废渣运到室外30m以外地点堆放。 计量单位：m²

定 额 编 号			G3-27	G3-28	G3-29
项 目 名 称			清除油皮		
			墙面木材面	木门窗	涂料、墙纸（布）
基 价（元）			1.96	1.54	3.50
其中	人 工 费（元）		1.96	1.54	3.50
	材 料 费（元）		—	—	—
	机 械 费（元）		—	—	—
名 称	单位	单价(元)	消	耗	量
人工	综合工日	工日	140.00	0.014	0.011	0.025

231

7.其他拆除

工作内容：拆除，将废料运到室外30m以内地点堆放。 计量单位：m²

定 额 编 号				G3-30	G3-31	G3-32
项 目 名 称				门、窗	木地板	木楼梯
				拆除		
基 价（元）				8.40	3.64	11.06
其中	人 工 费（元）			8.40	3.64	11.06
	材 料 费（元）			—	—	—
	机 械 费（元）			—	—	—
名 称		单位	单价（元）	消 耗		量
人工	综合工日	工日	140.00	0.060	0.026	0.079

工作内容：拆除，将废料运到室外30m以内地点堆放。 计量单位：m

定　额　编　号					G3-33	G3-34
项　目　名　称					栏杆及扶手拆除	窗台板、门窗套、窗帘盒(带轨)拆除
基　　　价（元）					8.12	2.94
其中	人　工　费（元）				8.12	2.94
	材　料　费（元）				—	—
	机　械　费（元）				—	—
	名　　称	单位	单价(元)		消　耗　　量	
人工	综合工日	工日	140.00		0.058	0.021

8.旧路凿毛、铣刨

工作内容：凿毛、清扫废渣。 计量单位：㎡

定 额 编 号				G3-35	G3-36	G3-37	G3-38
项 目 名 称				沥青混凝土路面凿毛		水泥混凝土路面凿毛	
				人工	机械	人工	机械
基 价（元）				2.66	1.82	4.90	2.98
其中	人 工 费（元）			2.66	1.26	4.90	2.38
	材 料 费（元）			—	0.01	—	0.01
	机 械 费（元）			—	0.55	—	0.59
名 称		单位	单价(元)	消	耗		量
人工	综合工日	工日	140.00	0.019	0.009	0.035	0.017
材料	高压胶管	m	8.00	—	0.0001	—	0.0001
	合金钢钻头(一字形)	个	8.79	—	0.0003	—	0.001
	六角空心钢	kg	3.68	—	0.001	—	0.001
机械	电动空气压缩机 0.6m³/min	台班	37.30	—	0.011	—	0.012
	手持式风动凿岩机	台班	12.25	—	0.011	—	0.012

工作内容：铣刨沥青路面、清扫废渣。 计量单位：m²

定 额 编 号	G3-39
项 目 名 称	铣刨机铣刨路面厚(1～5cm)
基 价 （元）	1.54

其中	人 工 费（元）	0.42
	材 料 费（元）	0.23
	机 械 费（元）	0.89

	名 称	单位	单价（元）	消 耗 量
人工	综合工日	工日	140.00	0.003
材料	铣刨鼓边刀	把	57.00	0.004
机械	路面铣刨机 500mm	台班	885.05	0.001

9. 道路拆除

工作内容：拆除、清底、运输、旧料清理成堆。

计量单位：m²

定　额　编　号				G3-40	G3-41
项　目　名　称				拆除沥青柏油类路面层	
				人工拆除	机械拆除
基　　　价（元）				10.93	8.60
其中	人　工　费（元）			9.24	2.10
	材　料　费（元）			0.03	—
	机　械　费（元）			1.66	6.50
名　　称		单位	单价(元)	消　　耗　　量	
人工	综合工日	工日	140.00	0.066	0.015
材料	高压胶管	m	8.00	0.0004	—
	合金钢钻头(一字形)	个	8.79	0.002	—
	六角空心钢	kg	3.68	0.003	—
机械	履带式单头凿岩机	台班	1300.00	—	0.005
	内燃空气压缩机 3m³/min	台班	217.28	0.007	—
	手持式风动凿岩机	台班	12.25	0.011	—

工作内容：拆除、清底、运输、旧料清理成堆。 计量单位：m²

定　额　编　号				G3-42	G3-43
项　目　名　称				拆除混凝土类路面层	
				人工拆除（无筋）	
				厚15cm以内	每增减1cm
基　　价（元）				10.83	0.67
其中	人　工　费（元）			7.14	0.42
	材　料　费（元）			0.05	0.01
	机　械　费（元）			3.64	0.24
名　　称		单位	单价（元）	消　　耗　　量	
人工	综合工日	工日	140.00	0.051	0.003
材料	高压胶管	m	8.00	0.001	—
	合金钢钻头（一字形）	个	8.79	0.003	0.0003
	六角空心钢	kg	3.68	0.005	0.001
机械	内燃空气压缩机 3m³/min	台班	217.28	0.015	0.001
	手持式风动凿岩机	台班	12.25	0.031	0.002

工作内容：拆除、清底、运输、旧料清理成堆。 计量单位：m²

定　额　编　号					G3-44	G3-45
项　目　名　称					拆除混凝土类路面层	
					人工拆除(有筋)	
					厚15cm以内	每增减1cm
基　　　　价（元）					16.51	0.81
其中	人　工　费（元）				11.06	0.56
	材　料　费（元）				0.08	0.01
	机　械　费（元）				5.37	0.24
名　　称		单位	单价(元)		消　　耗　　量	
人工	综合工日	工日	140.00		0.079	0.004
材料	高压胶管	m	8.00		0.001	0.0001
	合金钢钻头(一字形)	个	8.79		0.005	0.001
	六角空心钢	kg	3.68		0.007	0.001
机械	内燃空气压缩机 3m³/min	台班	217.28		0.022	0.001
	手持式风动凿岩机	台班	12.25		0.048	0.002

工作内容：拆除、清底、运输、旧料清理成堆。 计量单位：m²

定 额 编 号				G3-46	G3-47
项 目 名 称				拆除混凝土类路面层	
				机械拆除(无筋)	
				厚15cm以内	每增减1cm
基 价（元）				6.88	0.53
其中	人 工 费（元）			1.68	0.14
	材 料 费（元）			—	—
	机 械 费（元）			5.20	0.39
名 称		单位	单价(元)	消 耗 量	
人工	综合工日	工日	140.00	0.012	0.001
机械	履带式单头凿岩机	台班	1300.00	0.004	0.0003

工作内容：拆除、清底、运输、旧料清理成堆。   计量单位：m²

定　额　编　号					G3-48	G3-49
项　目　名　称					拆除混凝土类路面层	
					机械拆除(有筋)	
					厚15cm以内	每增减1cm
基　　　价（元）					10.32	0.66
其中	人　工　费（元）				2.52	0.14
	材　料　费（元）				—	—
	机　械　费（元）				7.80	0.52
名　　　称		单位	单价(元)	消　　耗　　量		
人工	综合工日	工日	140.00	0.018		0.001
机械	履带式单头凿岩机	台班	1300.00	0.006		0.0004

240

工作内容：拆除、清底、运输、旧料清理成堆。   计量单位：m²

定　额　编　号				G3-50	G3-51
项　目　名　称				拆除基层	
				人工拆除	
				厚15cm以内	每增减5cm
基　　　价（元）				**7.36**	**2.89**
其中	人　工　费（元）			4.90	2.66
	材　料　费（元）			0.03	—
	机　械　费（元）			2.43	0.23
名　称	单位	单价(元)		消　耗　量	
人工	综合工日	工日	140.00	0.035	0.019
材料	高压胶管	m	8.00	0.0004	—
	合金钢钻头（一字形）	个	8.79	0.002	0.0001
	六角空心钢	kg	3.68	0.003	0.0002
机械	内燃空气压缩机 3m³/min	台班	217.28	0.010	0.001
	手持式风动凿岩机	台班	12.25	0.021	0.001

工作内容：拆除、清底、运输、旧料清理成堆。 计量单位：m²

定 额 编 号				G3-52	G3-53
项 目 名 称				拆除基层	
				机械拆除	
				厚15cm以内	每增减5cm
基 价（元）				2.42	0.82
其中	人 工 费（元）			1.12	0.56
	材 料 费（元）			—	—
	机 械 费（元）			1.30	0.26
名 称		单位	单价（元）	消 耗 量	
人工	综合工日	工日	140.00	0.008	0.004
机械	履带式单头凿岩机	台班	1300.00	0.001	0.0002

工作内容：拆除、清底、运输、旧料清理成堆。

计量单位：m²

定　额　编　号				G3-54	
项　目　名　称				人工拆除人行道	
				混凝土预制板	
基　　　　价（元）				1.82	
其中	人　工　费（元）			1.82	
	材　料　费（元）			—	
	机　械　费（元）			—	
名　　　称		单位	单价（元）	消　　耗　　量	
人 工	综合工日	工日	140.00	0.013	

工作内容：拆除、清底、运输、旧料清理成堆。 计量单位：m²

定 额 编 号				G3-55	G3-56
项 目 名 称				人工拆除人行道	
				现浇混凝土面层	
				厚10cm以内	每增1cm
基 价（元）				**6.05**	**0.66**
其中	人 工 费（元）			5.04	0.56
	材 料 费（元）			0.03	—
	机 械 费（元）			0.98	0.10
名 称		单位	单价（元）	消 耗 量	
人工	综合工日	工日	140.00	0.036	0.004
材料	高压胶管	m	8.00	0.0004	—
	合金钢钻头（一字形）	个	8.79	0.002	0.0002
	六角空心钢	kg	3.68	0.003	0.0003
机械	内燃空气压缩机 3m³/min	台班	217.28	0.004	0.0004
	手持式风动凿岩机	台班	12.25	0.009	0.001

244

工作内容：刨击、刮净、运输、旧料清理成堆。

计量单位：m

定　额　编　号			G3-57	G3-58	G3-59	G3-60
项　目　名　称			人工拆除侧石		人工拆除缘石	
			混凝土	石质	混凝土	石质
基　　　　　价（元）			2.24	2.94	1.54	1.96
其中	人　工　费（元）		2.24	2.94	1.54	1.96
	材　料　费（元）		—	—	—	—
	机　械　费（元）		—	—	—	—
名　　　称	单位	单价(元)	消	耗		量
人 工 综合工日	工日	140.00	0.016	0.021	0.011	0.014

10. 管道拆除

工作内容：平整场地，清理工作坑，剔口、吊管，清理管腔污泥，旧料就近堆放。　　　　　计量单位：m

定　额　编　号				G3-61	G3-62	G3-63	G3-64
项　目　名　称				人工拆除混凝土管道			
				管径以内			
				Φ300	Φ450	Φ600	Φ1000
基　　　　价（元）				10.36	14.00	20.40	35.84
其中	人　工　费（元）			10.36	14.00	7.42	10.64
	材　料　费（元）			—	—	—	—
	机　械　费（元）			—	—	12.98	25.20
名　　称		单位	单价（元）	消　　耗　　量			
人工	综合工日	工日	140.00	0.074	0.100	0.053	0.076
机械	汽车式起重机 8t	台班	763.67	—	—	0.017	0.033

246

工作内容：平整场地，清理工作坑，剔口、吊管，清理管腔污泥，旧料就近堆放。　　　　　　计量单位：m

定　额　编　号				G3-65	G3-66
项　目　名　称				人工拆除混凝土管道	
				管径以内	
				Φ1500	Φ2000
基　　　　　价（元）				52.32	70.39
其中	人　工　费（元）			14.14	18.62
	材　料　费（元）			—	—
	机　械　费（元）			38.18	51.77
名　　　　称		单位	单价(元)	消　　耗　　量	
人工	综合工日	工日	140.00	0.101	0.133
机械	汽车式起重机 16t	台班	958.70	—	0.054
	自卸汽车 12t	台班	867.77	0.044	—

11. 挖树蔸

工作内容：锯倒、坎枝、截端、刨挖，清理异物，就近堆放整齐。　　　　　　　　　　计量单位：棵

定　额　编　号				G3-67	G3-68
项　目　名　称				挖树蔸、离地面20cm处树干直径	
				Φ30cm以内	Φ40cm以内
基　　　价（元）				38.64	76.44
其中	人　工　费（元）			38.64	76.44
	材　料　费（元）			—	—
	机　械　费（元）			—	—
名　　称		单位	单价(元)	消　　耗　　量	
人工	综合工日	工日	140.00	0.276	0.546

248

工作内容：锯倒、坎枝、截端、刨挖，清理异物，就近堆放整齐。　　　　　　　　　　　　　计量单位：棵

定　额　编　号			G3-69	G3-70
项　目　名　称			挖树苑、离地面20cm处树干直径	
			Φ50cm以内	Φ50cm以外
基　　　　价（元）			109.76	153.02
其中	人　工　费（元）		109.76	153.02
	材　料　费（元）		—	—
	机　械　费（元）		—	—
名　　　称		单位	单价（元）	消　耗　量
人 工	综合工日	工日	140.00	0.784　　　　　　　　　1.093

249

二、其他工程

1. 截凿桩头

工作内容：1. 凿桩头：划线，凿桩头混凝土，露出钢筋，清除碎渣，运出坑外；
2. 截桩头：划线，破混凝土，锯断钢筋，混凝土块运出坑。

计量单位：m³

定 额 编 号				G3-71
项 目 名 称				凿桩头
				灌注
				混凝土桩
基 价（元）				120.19
其中	人 工 费（元）			70.00
	材 料 费（元）			1.83
	机 械 费（元）			48.36
名 称	单位	单价（元）	消 耗 量	
人工	综合工日	工日	140.00	0.500
材料	风镐头	根	18.00	0.100
	高压胶管	m	8.00	0.004
机械	内燃空气压缩机 3m³/min	台班	217.28	0.200
	手持式风动凿岩机	台班	12.25	0.400

注：1. 无筋混凝土桩头截凿按定额乘以系数0.7执行；2. 深层搅拌桩按灌注混凝土桩定额乘以系数0.4执行。

250

工作内容：1.凿桩头：划线，凿桩头混凝土，露出钢筋，清除碎渣，运出坑外；
　　　　　2.截桩头：划线，破混凝土，锯断钢筋，混凝土块运出坑。　　　　　计量单位：根

定　额　编　号				G3-72	G3-73
项　目　名　称				凿桩头	截桩头
				预制	
				方(管)桩	
基　　　　价（元）				19.32	38.07
其中	人　工　费（元）			12.60	19.60
	材　料　费（元）			0.92	2.75
	机　械　费（元）			5.80	15.72
名　　称		单位	单价（元）	消　　耗　　量	
人工	综合工日	工日	140.00	0.090	0.140
材料	风镐头	根	18.00	0.050	0.150
	高压胶管	m	8.00	0.002	0.006
机械	内燃空气压缩机 3m³/min	台班	217.28	0.024	0.065
	手持式风动凿岩机	台班	12.25	0.048	0.130

注：1.无筋混凝土桩头截凿按定额乘以系数0.7执行；2.深层搅拌桩按灌注混凝土桩定额乘以系数0.4执行。

2. 垃圾外运

工作内容：机动车辆运出垃圾，包括人力20m以内的挑运装、卸车，将垃圾运至指定的垃圾堆场卸车。

计量单位：100m³

定 额 编 号				G3-74	G3-75
项 目 名 称				汽车运建筑垃圾	
				运距在1km以内	20km内每增加运距1km
基 价（元）				921.27	164.01
其中	人 工 费（元）			236.60	—
	材 料 费（元）			—	—
	机 械 费（元）			684.67	164.01
名 称		单位	单价（元）	消 耗 量	
人工	综合工日	工日	140.00	1.690	—
机械	自卸汽车 12t	台班	867.77	0.789	0.189

252

第四章　大（中）型机械进（退）场及组装拆卸费

说　　明

一、大(中)型机械场外运输费考虑 30km 以内，并综合了回程因素。回程费按运输的人工费、材料费、机械费的百分比计算。

二、大(中)型机械组装拆卸费：

1. 机械组装拆卸费中已包括了机械组装后的试运转。

2. 机械组装拆卸费按实际需要而发生的次数计算。

三、自升式塔式起重机的进（退）场及组装拆卸费是以塔高45m以内确定的。如塔高超过45m且檐高在300m以内，塔高每增高10m，费用增加10%，尾数不足10m，按10m计算。

四、塔式起重机基础执行基础工程相应定额。

一、安拆费

定 额 编 号			G4-1	G4-2
项 目 名 称			自升式塔式起重机	柴油打桩机
基 价（元）			30309.22	10562.95
其中	人 工 费（元）		16800.00	5600.00
	材 料 费（元）		226.50	55.35
	机 械 费（元）		13282.72	4907.60
名 称	单位	单价(元)	消 耗 量	
人工	综合工日	工日	140.00	120.000	40.000
材料	带帽螺栓	套	0.75	64.000	50.000
	镀锌铁丝 16号	kg	3.57	50.000	5.000
机械	柴油打桩机	台班	1111.94	—	0.500
	汽车式起重机 20t	台班	1030.31	5.000	2.000
	汽车式起重机 40t	台班	1526.12	5.000	—
	汽车式起重机 8t	台班	763.67	—	3.000
	自升式塔式起重机	台班	1001.14	0.500	—

定 额 编 号			G4-3	G4-4	G4-5
项 目 名 称			静力压桩机		
			900kN以内	1200kN以内	1600kN以内
基 价（元）			6811.51	9658.58	12586.04
其中		人 工 费（元）	3360.00	5040.00	6720.00
		材 料 费（元）	22.42	29.94	37.58
		机 械 费（元）	3429.09	4588.64	5828.46
名 称	单位	单价(元)	消	耗	量
人工	综合工日	工日	140.00	24.000	36.000	48.000
材料	其他材料费	元	1.00	22.420	29.940	37.580
机械	静力压桩机 1200kN	台班	1468.08	—	0.500	—
	静力压桩机 1600kN	台班	1887.09	—	—	0.500
	静力压桩机 900kN	台班	1209.59	0.500	—	—
	汽车式起重机 20t	台班	1030.31	2.000	3.000	4.000
	汽车式起重机 8t	台班	763.67	1.000	1.000	1.000

定 额 编 号				G4-6	G4-7	G4-8
项 目 名 称				静力压桩机		架桥机
				4000kN以内	10000kN以内	160t以内
基 价（元）				14476.02	15992.79	9397.56
其中	人 工 费（元）			7000.00	7280.00	5040.00
	材 料 费（元）			41.08	41.99	—
	机 械 费（元）			7434.94	8670.80	4357.56
名 称		单位	单价（元）	消	耗	量
人工	综合工日	工日	140.00	50.000	52.000	36.000
材料	其他材料费	元	1.00	41.080	41.990	—
机械	架桥机 160t	台班	1005.91	—	—	0.500
	静力压桩机 10000kN	台班	3983.81	—	0.500	—
	静力压桩机 4000kN	台班	3572.71	0.500	—	—
	汽车式起重机 20t	台班	1030.31	4.000	5.000	3.000
	汽车式起重机 8t	台班	763.67	2.000	2.000	1.000

定　额　编　号				G4-9	G4-10	G4-11	G4-12
项　目　名　称				施工电梯			
				75m以内	100m以内	200m以内	300m以内
基　　　　价（元）				12079.84	15088.87	18718.17	19773.99
其中	人　工　费（元）			7560.00	10080.00	12600.00	12600.00
	材　料　费（元）			46.56	46.56	56.70	66.84
	机　械　费（元）			4473.28	4962.31	6061.47	7107.15
名　　称		单位	单价（元）	消	耗		量
人工	综合工日	工日	140.00	54.000	72.000	90.000	90.000
材料	带帽螺栓	套	0.75	24.000	24.000	28.000	32.000
	镀锌铁丝 16号	kg	3.57	8.000	8.000	10.000	12.000
机械	汽车式起重机 16t	台班	958.70	4.500	5.000	6.000	7.000
	施工电梯 100m以内	台班	337.61	—	0.500	—	—
	施工电梯 200m以内	台班	618.54	—	—	0.500	—
	施工电梯 300m以内	台班	792.50	—	—	—	0.500
	施工电梯 75m以内	台班	318.26	0.500	—	—	—

260

定　额　编　号				G4-13	G4-14
项　目　名　称				混凝土搅拌站	三轴(五轴)搅拌桩机
基　　　价（元）				17931.38	11511.75
其中	人　工　费（元）			12600.00	5600.00
	材　料　费（元）			—	108.90
	机　械　费（元）			5331.38	5802.85
名　　称		单位	单价（元）	消　耗　　　量	
人工	综合工日	工日	140.00	90.000	40.000
材料	带帽螺栓	套	0.75	—	50.000
	镀锌铁丝 16号	kg	3.57	—	20.000
机械	混凝土搅拌站	台班	2420.28	0.500	—
	汽车式起重机 20t	台班	1030.31	4.000	—
	汽车式起重机 25t	台班	1084.16	—	5.000
	三轴(五轴)搅拌桩机	台班	764.10	—	0.500

二、场外运费

定　额　编　号			G4-15	G4-16
项　目　名　称			履带式挖掘机	
			1m³以内	1m³以外
基　　　　　价（元）			4785.37	5223.62
其中	人　工　费（元）		1680.00	1680.00
	材　料　费（元）		130.35	155.24
	机　械　费（元）		2975.02	3388.38
名　　　　　称	单位	单价（元）	消　耗　　　量	
人工 综合工日	工日	140.00	12.000	12.000
材料 草袋	m²	2.20	6.380	9.580
镀锌铁丝 16号	kg	3.57	5.000	10.000
枕木	m³	1230.77	0.080	0.080
机械 回程费占以上费用	%	—	25.000	25.000
履带式挖掘机 1m³以内	台班	1142.21	0.500	—
履带式挖掘机 1m³以外	台班	1464.72	—	0.500
平板拖车组 40t	台班	1446.84	1.000	—
平板拖车组 60t	台班	1611.30	—	1.000

定　额　编　号			G4-17	G4-18
项　目　名　称			履带式推土机	
			90kW以内	90kW以外
基　　　价（元）			3630.53	4362.22
其中	人　工　费（元）		840.00	840.00
	材　料　费（元）		135.42	135.42
	机　械　费（元）		2655.11	3386.80
名　　称	单位	单价（元）	消　　耗　　量	
人工	综合工日	工日	140.00	6.000	6.000
材料	草袋	m²	2.20	6.380	6.380
	镀锌铁丝 16号	kg	3.57	5.000	5.000
	橡胶板	m²	6.50	0.780	0.780
	枕木	m³	1230.77	0.080	0.080
机械	回程费占以上费用	%	—	25.000	25.000
	履带式推土机 90kW以内	台班	964.33	0.500	—
	履带式推土机 90kW以外	台班	1806.11	—	0.500
	平板拖车组 40t	台班	1446.84	1.000	—
	平板拖车组 60t	台班	1611.30	—	1.000

定 额 编 号				G4-19	G4-20
项 目 名 称				履带式起重机	
				30t以内	30t以外
基 价（元）				5848.76	7125.96
其中	人 工 费（元）			1680.00	1680.00
	材 料 费（元）			144.38	144.38
	机 械 费（元）			4024.38	5301.58
名 称		单位	单价(元)	消 耗 量	
人工	综合工日	工日	140.00	12.000	12.000
材料	草袋	m²	2.20	12.760	12.760
	镀锌铁丝 16号	kg	3.57	5.000	5.000
	枕木	m³	1230.77	0.080	0.080
机械	回程费占以上费用	%	—	25.000	25.000
	履带式起重机 30t以内	台班	927.14	0.500	—
	履带式起重机 30t以外	台班	1411.14	—	0.500
	平板拖车组 60t	台班	1611.30	1.000	1.000
	载重汽车 15t	台班	779.76	1.000	2.000

定　额　编　号				G4-21	
项　目　名　称				强夯机械	
基　　　价（元）				9236.20	
其中	人　工　费（元）			840.00	
	材　料　费（元）			144.38	
	机　械　费（元）			8251.82	
名　　　称		单位	单价（元）	消　　耗　　量	
人工	综合工日	工日	140.00	6.000	
材料	草袋	m²	2.20	12.760	
	镀锌铁丝 16号	kg	3.57	5.000	
	枕木	m³	1230.77	0.080	
机械	回程费占以上费用	%	—	40.000	
	平板拖车组 60t	台班	1611.30	1.000	
	汽车式起重机 20t	台班	1030.31	1.000	
	强夯机械	台班	1187.67	0.500	
	载重汽车 15t	台班	779.76	2.000	
	载重汽车 4t	台班	408.97	2.000	

定　额　编　号			G4-22	G4-23
项　目　名　称			柴油打桩机	
			5t以内	5t以外
基　　价（元）			10915.24	12357.67
其中	人　工　费（元）		1680.00	1680.00
	材　料　费（元）		45.92	45.92
	机　械　费（元）		9189.32	10631.75
名　　称	单位	单价（元）	消　　耗　　量	
人工 综合工日	工日	140.00	12.000	12.000
材料 草袋	㎡	2.20	12.760	12.760
镀锌铁丝 16号	kg	3.57	5.000	5.000
机械 回程费占以上费用	%	—	40.000	40.000
平板拖车组 40t	台班	1446.84	1.000	1.000
汽车式起重机 20t	台班	1030.31	2.000	3.000
载重汽车 15t	台班	779.76	2.000	2.000
载重汽车 8t	台班	501.85	2.000	2.000

定 额 编 号			G4-24	G4-25
项 目 名 称			压路机	锚杆钻孔机
基 价（元）			3154.54	11573.53
其中	人 工 费（元）		700.00	1680.00
	材 料 费（元）		119.64	45.92
	机 械 费（元）		2334.90	9847.61
名 称	单位	单价(元)	消 耗	量
人工	综合工日	工日	140.00	5.000	12.000
材料	草袋	m²	2.20	6.380	12.760
	镀锌铁丝 16号	kg	3.57	2.000	5.000
	枕木	m³	1230.77	0.080	—
机械	回程费占以上费用	%	—	25.000	40.000
	锚杆钻孔机 32mm	台班	1944.11	—	0.500
	平板拖车组 40t	台班	1446.84	1.000	1.000
	汽车式起重机 20t	台班	1030.31	—	2.000
	压路机	台班	514.30	0.500	—
	载重汽车 15t	台班	779.76	—	2.000
	载重汽车 8t	台班	501.85	—	1.000

定　额　编　号					G4-26	
项　目　名　称					沥青混凝土	
					摊铺机	
基　　　价（元）					5178.06	
其中	人　工　费（元）				1120.00	
	材　料　费（元）				144.38	
	机　械　费（元）				3913.68	
	名　　称	单位	单价（元）	消　　耗　　量		
人工	综合工日	工日	140.00	8.000		
材料	草袋	m²	2.20	12.760		
	镀锌铁丝 16号	kg	3.57	5.000		
	枕木	m³	1230.77	0.080		
机械	回程费占以上费用	%	—	25.000		
	沥青混凝土摊铺机	台班	2862.45	0.500		
	平板拖车组 40t	台班	1446.84	1.000		

定　额　编　号			G4-27	G4-28	G4-29
项　目　名　称			静力压桩机		
			900kN以内	1200kN以内	1600kN以内
基　　　价（元）			17162.63	19345.96	25323.72
其中	人　工　费（元）		3360.00	3360.00	5040.00
	材　料　费（元）		45.92	45.92	45.92
	机　械　费（元）		13756.71	15940.04	20237.80
名　　称	单位	单价（元）	消	耗	量
人工	综合工日	工日	140.00	24.000	24.000	36.000
材料	草袋	m²	2.20	12.760	12.760	12.760
	镀锌铁丝 16号	kg	3.57	5.000	5.000	5.000
机械	回程费占以上费用	%	—	40.000	40.000	40.000
	平板拖车组 40t	台班	1446.84	2.000	2.000	2.000
	汽车式起重机 20t	台班	1030.31	2.000	2.000	3.000
	载重汽车 15t	台班	779.76	5.000	7.000	9.000

定　额　编　号			G4-30	G4-31
项　目　名　称			静力压桩机	
			4000kN以内	10000kN以内
基　　　价（元）			28598.71	38616.70
其中	人　工　费（元）		5040.00	5040.00
	材　料　费（元）		45.92	45.92
	机　械　费（元）		23512.79	33530.78
名　　称	单位	单价（元）	消　　耗　　量	
人工	综合工日	工日	140.00	36.000	36.000
材料	草袋	m²	2.20	12.760	12.760
	镀锌铁丝 16号	kg	3.57	5.000	5.000
机械	回程费占以上费用	%	—	40.000	40.000
	平板拖车组 40t	台班	1446.84	2.000	3.000
	汽车式起重机 20t	台班	1030.31	3.000	4.000
	载重汽车 15t	台班	779.76	12.000	18.000

定　额　编　号			G4-32	G4-33
项　目　名　称			履带式	自升式
			旋挖钻机	塔式起重机
基　　　　价（元）			7349.00	28220.63
其中	人　工　费（元）		1680.00	5600.00
	材　料　费（元）		144.38	99.97
	机　械　费（元）		5524.62	22520.66
名　　　称	单位	单价（元）	消　耗　　　　量	
人工	综合工日	工日	140.00	12.000	40.000
材料	草袋	m²	2.20	12.760	23.620
	镀锌铁丝 16号	kg	3.57	5.000	10.000
	枕木	m³	1230.77	0.080	0.010
机械	回程费占以上费用	%	—	25.000	20.000
	履带式旋挖钻机	台班	3327.52	0.500	—
	平板拖车组 40t	台班	1446.84	—	1.000
	平板拖车组 60t	台班	1611.30	1.000	—
	汽车式起重机 20t	台班	1030.31	—	6.000
	汽车式起重机 8t	台班	763.67	—	4.000
	载重汽车 15t	台班	779.76	1.000	4.000
	载重汽车 8t	台班	501.85	—	8.000

定 额 编 号				G4-34	
项 目 名 称				架桥机	
				160t以内	
基 价 （元）				15414.41	
其中	人 工 费 （元）			4200.00	
	材 料 费 （元）			45.92	
	机 械 费 （元）			11168.49	
名 称		单位	单价（元）	消 耗 量	
人工	综合工日	工日	140.00	30.000	
材料	草袋	m²	2.20	12.760	
	镀锌铁丝 16号	kg	3.57	5.000	
机械	回程费占以上费用	%	—	40.000	
	平板拖车组 40t	台班	1446.84	2.000	
	汽车式起重机 20t	台班	1030.31	3.000	
	载重汽车 15t	台班	779.76	1.000	

定　额　编　号			G4-35	G4-36	G4-37	G4-38
项　目　名　称			施工电梯			
			75m以内	100m以内	200m以内	300m以内
基　　　　价（元）			10505.22	12905.43	17690.39	20745.34
其中	人　工　费（元）		1400.00	1960.00	2800.00	3080.00
	材　料　费（元）		43.25	56.00	79.74	104.42
	机　械　费（元）		9061.97	10889.43	14810.65	17560.92
名　　　称	单位	单价（元）	消	耗		量
人工	综合工日	工日	140.00	10.000	14.000	20.000	22.000
材料	草袋	m²	2.20	8.300	10.850	15.960	21.500
	镀锌铁丝 16号	kg	3.57	7.000	9.000	12.500	16.000
机械	回程费占以上费用	%	—	30.000	30.000	30.000	30.000
	汽车式起重机 8t	台班	763.67	3.000	3.500	5.000	6.000
	载重汽车 15t	台班	779.76	3.000	3.500	5.000	6.000
	载重汽车 8t	台班	501.85	4.000	5.000	6.000	7.000

定 额 编 号			G4-39	G4-40	G4-41
项 目 名 称			混凝土	三轴(五轴)	履带式
			搅拌站	搅拌桩机	抓斗成槽机
基 价 （元）			11614.02	8141.38	5933.63
其中	人 工 费（元）		3640.00	1400.00	1680.00
	材 料 费（元）		31.89	45.92	144.38
	机 械 费（元）		7942.13	6695.46	4109.25
名 称	单位	单价(元)	消	耗	量
人工 综合工日	工日	140.00	26.000	10.000	12.000
材料 草袋	m²	2.20	6.380	12.760	12.760
镀锌铁丝 16号	kg	3.57	5.000	5.000	5.000
枕木	m³	1230.77	—	—	0.080
机械 回程费占以上费用	%	—	40.000	25.000	25.000
履带式抓斗成槽机	台班	3358.90	—	—	0.500
平板拖车组 30t	台班	1243.07	—	1.000	1.000
汽车式起重机 20t	台班	1030.31	2.000	—	—
汽车式起重机 25t	台班	1084.16	—	1.000	—
载重汽车 10t	台班	547.99	—	5.000	—
载重汽车 15t	台班	779.76	2.000	—	—
载重汽车 8t	台班	501.85	2.000	—	—

第五章　混凝土及砂浆配合比

说　　明

一、各种配合比是根据 JGJ 55—2011、JGJ/T 98—2010、GB 50204—2002(2011 版)标准及有关规定编制的，作为确定定额消耗量的基础，并作为确定工程造价的依据，不作为实际用料的配合比。

二、各项配合比配制所需的人工和机械已包括在各相应定额项目中。

三、各种配合比用量均包括了操作损耗。砂是按天然砂数量列入，已包括过筛损耗、操作损耗及含水率，不得因砂质及含水率不同调整数量。

四、各种配合比的材料用量均按密实体积计算，使用时不得再增加虚实体积系数。

五、配合比中的水泥用量已综合考虑了不同品种水泥因素，不论实际使用哪种品种的水泥，除设计注明外，水泥用量均不得调整。

六、混凝土配合比中采用的水泥强度等级有 32.5、42.5 及 52.5 级，根据不同的混凝土强度等级，在各项配合比中选定一种强度等级的水泥，混凝土实际使用水泥强度等级不同时，水泥用量不得调整。

七、抗渗混凝土、膨胀混凝土、早强混凝土未编制，如设计和工艺要求需掺加膨胀剂、早强剂、防冻剂等外加剂，水泥用量可按设计规定调整，外加剂用量另计，其他不变。

八、混凝土坍落度 10～90mm 中按不掺加减水剂计算，坍落度 90～200mm 中按掺加减水剂计算。

九、砌筑砂浆中按不掺加微沫剂计算，实际施工中采用，其含量不作调整。

一、混凝土配合比

1. 粒径5～16mm

(1)坍落度10～30

计量单位：m³

定　额　编　号			G5-1	G5-2	G5-3	G5-4
			C20	C25	C30	C35
项　目　名　称			碎石最大粒径16mm			
			坍落度10～30			
基　　　价（元）			293.24	303.46	314.78	325.67
其中	人　工　费（元）		—	—	—	—
	材　料　费（元）		293.24	303.46	314.78	325.67
	机　械　费（元）		—	—	—	—
名　　　称	单位	单价(元)	消　　耗		量	
材　　　　　料	水	m³	7.96	0.200	0.200	0.200	0.200
	水泥 32.5级	kg	0.29	377.000	—	—	—
	水泥 42.5级	kg	0.33	—	357.000	400.000	444.000
	碎石	t	106.80	1.110	1.110	1.110	1.120
	中(粗)砂	t	87.00	0.733	0.753	0.720	0.666

279

定　额　编　号			G5-5	G5-6	G5-7
项　目　名　称			C40	C45	C50
			碎石最大粒径16mm		
			坍落度10～30		
基　　　价（元）			336.32	340.27	352.12
其中	人　工　费（元）		—	—	—
	材　料　费（元）		336.32	340.27	352.12
	机　械　费（元）		—	—	—
名　　称	单位	单价（元）	消	耗	量
材料	水	m³	7.96	0.200	0.200	0.200
	水泥 42.5级	kg	0.33	487.000	—	—
	水泥 52.5级	kg	0.35	—	465.000	506.000
	碎石	t	106.80	1.130	1.130	1.140
	中(粗)砂	t	87.00	0.613	0.635	0.594

(2)坍落度35～50

计量单位：m³

定　额　编　号			G5-8	G5-9	G5-10	G5-11
项　目　名　称			C15	C20	C25	C30
			碎石最大粒径16mm			
			坍落度35～50			
基　　　价（元）			284.53	296.31	307.04	318.85
其中	人　工　费（元）		—	—	—	—
	材　料　费（元）		284.53	296.31	307.04	318.85
	机　械　费（元）		—	—	—	—
名　　　称	单位	单价（元）	消　　　耗　　　量			
材料	水	m³	7.96	0.210	0.210	0.210	0.210
	水泥 32.5级	kg	0.29	338.000	396.000	—	—
	水泥 42.5级	kg	0.33	—	—	375.000	420.000
	碎石	t	106.80	1.110	1.110	1.110	1.110
	中(粗)砂	t	87.00	0.762	0.704	0.725	0.690

281

定　额　编　号				G5-12	G5-13	G5-14	G5-15
				C35	C40	C45	C50
项　目　名　称				碎石最大粒径16mm			
				坍落度35～50			
基　　　　　价（元）				330.47	341.60	345.53	358.06
其中	人　工　费（元）			—	—	—	—
	材　料　费（元）			330.47	341.60	345.53	358.06
	机　械　费（元）			—	—	—	—
名　　称		单位	单价（元）	消　　　耗　　　量			
材料	水	m³	7.96	0.210	0.210	0.210	0.210
	水泥 42.5级	kg	0.33	467.000	512.000	—	—
	水泥 52.5级	kg	0.35	—	—	488.000	532.000
	碎石	t	106.80	1.120	1.130	1.130	1.130
	中(粗)砂	t	87.00	0.633	0.578	0.602	0.569

(3)坍落度55～70

定 额 编 号				G5-16	G5-17	G5-18	G5-19
项 目 名 称				C15	C20	C25	C30
				碎石最大粒径16mm			
				坍落度55～70			
基 价 （元）				285.33	297.51	309.84	321.26
其中	人 工 费 （元）			—	—	—	—
	材 料 费 （元）			285.33	297.51	309.84	321.26
	机 械 费 （元）			—	—	—	—
名 称	单位	单价（元）		消 耗 量			
材料	水	m³	7.96	0.220	0.220	0.220	0.220
	水泥 32.5级	kg	0.29	355.000	415.000	—	—
	水泥 42.5级	kg	0.33	—	—	393.000	440.000
	碎石	t	106.80	1.060	1.060	1.070	1.070
	中(粗)砂	t	87.00	0.775	0.715	0.737	0.690

定　额　编　号				G5-20	G5-21	G5-22	G5-23
				C35	C40	C45	C50
项　目　名　称				碎石最大粒径16mm			
				坍落度55～70			
基　　　　　价（元）				334.23	345.90	350.06	360.06
其中	人　工　费（元）			—	—	—	—
	材　料　费（元）			334.23	345.90	350.06	360.06
	机　械　费（元）			—	—	—	—
名　　称		单位	单价(元)	消	耗		量
材料	水	m³	7.96	0.220	0.220	0.220	0.220
	水泥 42.5级	kg	0.33	489.000	537.000	—	—
	水泥 52.5级	kg	0.35	—	—	512.000	550.000
	碎石	t	106.80	1.080	1.080	1.080	1.080
	中(粗)砂	t	87.00	0.641	0.593	0.618	0.580

(4)坍落度75～90

计量单位：m³

定 额 编 号				G5-24	G5-25	G5-26	G5-27
项 目 名 称				C15	C20	C25	C30
				碎石最大粒径16mm			
				坍落度75～90			
基 价（元）				287.59	301.45	313.22	325.33
其中	人 工 费（元）			—	—	—	—
	材 料 费（元）			287.59	301.45	313.22	325.33
	机 械 费（元）			—	—	—	—
名 称		单位	单价（元）	消 耗 量			
材料	水	m³	7.96	0.230	0.230	0.230	0.230
	水泥 32.5级	kg	0.29	370.000	434.000	—	—
	水泥 42.5级	kg	0.33	—	—	411.000	460.000
	碎石	t	106.80	1.060	1.060	1.060	1.070
	中(粗)砂	t	87.00	0.750	0.696	0.719	0.660

定 额 编 号				G5-28	G5-29	G5-30
项 目 名 称				C35	C40	C45
				碎石最大粒径16mm		
				坍落度75～90		
基 价 （元）				338.59	344.80	355.32
其中	人 工 费（元）			—	—	—
	材 料 费（元）			338.59	344.80	355.32
	机 械 费（元）			—	—	—
名 称		单位	单价（元）	消	耗	量
材料	水	m³	7.96	0.230	0.230	0.230
	水泥 42.5级	kg	0.33	511.000	—	—
	水泥 52.5级	kg	0.35	—	495.000	535.000
	碎石	t	106.80	1.070	1.080	1.080
	中（粗）砂	t	87.00	0.619	0.625	0.585

2. 粒径5～20mm
(1) 坍落度10～30

定 额 编 号				G5-31	G5-32	G5-33	G5-34
项 目 名 称				C20	C25	C30	C35
				碎石最大粒径20mm			
				坍落度10～30			
基 价 （元）				287.89	297.19	308.95	318.43
其中	人 工 费 （元）			—	—	—	—
	材 料 费 （元）			287.89	297.19	308.95	318.43
	机 械 费 （元）			—	—	—	—
名 称		单位	单价(元)	消 耗 量			
材 料	水	m³	7.96	0.185	0.185	0.185	0.185
	水泥 32.5级	kg	0.29	336.000	—	—	—
	水泥 42.5级	kg	0.33	—	319.000	363.000	402.000
	碎石	t	106.80	1.200	1.200	1.210	1.210
	中(粗)砂	t	87.00	0.699	0.716	0.672	0.633

定　额　编　号			G5-35	G5-36	G5-37
项　目　名　称			C40	C45	C50
			碎石最大粒径20mm		
			坍落度10～30		
基　　价（元）			330.34	333.84	344.70
其中	人　工　费（元）		—	—	—
	材　料　费（元）		330.34	333.84	344.70
	机　械　费（元）		—	—	—
名　　称	单位	单价（元）	消	耗	量
材料	水	m³	7.96	0.185	0.185	0.185
	水泥 42.5级	kg	0.33	451.000	—	—
	水泥 52.5级	kg	0.35	—	430.000	468.000
	碎石	t	106.80	1.210	1.210	1.210
	中(粗)砂	t	87.00	0.584	0.605	0.577

(2)坍落度35～50

定 额 编 号			G5-38	G5-39	G5-40	G5-41
项 目 名 称			C15	C20	C25	C30
			碎石最大粒径20mm			
			坍落度35～50			
基 价（元）			277.78	289.96	299.55	311.59
其中	人 工 费（元）		—	—	—	—
	材 料 费（元）		277.78	289.96	299.55	311.59
	机 械 费（元）		—	—	—	—
名 称	单位	单价（元）	消	耗		量
材料	水	m³	7.96	0.195	0.195	0.195	0.195
	水泥 32.5级	kg	0.29	295.000	355.000	—	—
	水泥 42.5级	kg	0.33	—	—	336.000	382.000
	碎石	t	106.80	1.150	1.150	1.150	1.150
	中(粗)砂	t	87.00	0.780	0.720	0.739	0.703

定　额　编　号	G5-42	G5-43	G5-44	G5-45
	C35	C40	C45	C50
项　目　名　称	碎石最大粒径20mm			
	坍落度35～50			
基　　　价（元）	322.20	335.70	339.17	349.96
其中 人　工　费（元）	—	—	—	—
材　料　费（元）	322.20	335.70	339.17	349.96
机　械　费（元）	—	—	—	—

名　称	单位	单价（元）	消	耗		量
水	m³	7.96	0.195	0.195	0.195	0.195
材 水泥 42.5级	kg	0.33	424.000	476.000	—	—
水泥 52.5级	kg	0.35	—	—	453.000	494.000
料 碎石	t	106.80	1.170	1.170	1.170	1.170
中(粗)砂	t	87.00	0.641	0.599	0.622	0.581

(3)坍落度55～70

定　额　编　号				G5-46	G5-47	G5-48	G5-49
				C15	C20	C25	C30
项　目　名　称				碎石最大粒径20mm			
				坍落度55～70			
基　　　价（元）				280.24	292.74	302.89	315.66
其中	人　工　费（元）			—	—	—	—
	材　料　费（元）			280.24	292.74	302.89	315.66
	机　械　费（元）			—	—	—	—
	名　　称	单位	单价（元）	消	耗		量
材料	水	m³	7.96	0.205	0.205	0.205	0.205
	水泥 32.5级	kg	0.29	311.000	373.000	—	—
	水泥 42.5级	kg	0.33	—	—	353.000	402.000
	碎石	t	106.80	1.150	1.150	1.150	1.150
	中(粗)砂	t	87.00	0.754	0.691	0.712	0.673

定　额　编　号			G5-50	G5-51	G5-52	G5-53
			C35	C40	C45	C50
项　目　名　称			碎石最大粒径20mm			
			坍落度55～70			
基　　　　　价（元）			326.35	340.74	344.69	356.61
其中	人　工　费（元）		—	—	—	—
	材　料　费（元）		326.35	340.74	344.69	356.61
	机　械　费（元）		—	—	—	—
名　　　称	单位	单价(元)	消	耗		量
材 料	水	m³	7.96	0.205	0.205	0.205	0.205
	水泥 42.5级	kg	0.33	446.000	500.000	—	—
	水泥 52.5级	kg	0.35	—	—	477.000	519.000
	碎石	t	106.80	1.150	1.170	1.170	1.170
	中(粗)砂	t	87.00	0.629	0.565	0.588	0.556

(4)坍落度75~90

计量单位：m³

定 额 编 号				G5-54	G5-55	G5-56	G5-57
				C15	C20	C25	C30
项 目 名 称				碎石最大粒径20mm			
				坍落度75~90			
基 价（元）				281.42	296.56	307.34	319.73
其中	人 工 费（元）			—	—	—	—
	材 料 费（元）			281.42	296.56	307.34	319.73
	机 械 费（元）			—	—	—	—
名 称		单位	单价（元）	消	耗		量
材料	水	m³	7.96	0.215	0.215	0.215	0.215
	水泥 32.5级	kg	0.29	325.000	391.000	—	—
	水泥 42.5级	kg	0.33	—	—	371.000	422.000
	碎石	t	106.80	1.150	1.150	1.150	1.150
	中(粗)砂	t	87.00	0.720	0.674	0.694	0.643

定　额　编　号			G5-58	G5-59	G5-60	G5-61
			C35	C40	C45	C50
项　目　名　称			碎石最大粒径20mm			
			坍落度75～90			
基　　　　价（元）			331.54	345.39	349.75	361.33
其中	人　工　费（元）		—	—	—	—
	材　料　费（元）		331.54	345.39	349.75	361.33
	机　械　费（元）		—	—	—	—
名　　　称	单位	单价(元)	消	耗		量
材　　料	水	m³	7.96	0.215	0.215	0.215	0.215
	水泥 42.5级	kg	0.33	467.000	524.000	—	—
	水泥 52.5级	kg	0.35	—	—	500.000	544.000
	碎石	t	106.80	1.150	1.150	1.160	1.160
	中(粗)砂	t	87.00	0.608	0.551	0.565	0.521

3.粒径5～31.5mm
(1)坍落度10～30

定 额 编 号			G5-62	G5-63	G5-64	G5-65
			C20	C25	C30	C35
项 目 名 称			碎石最大粒径31.5mm			
			坍落度10～30			
基 价（元）			286.40	295.23	306.30	316.41
其中	人 工 费（元）		—	—	—	—
	材 料 费（元）		286.40	295.23	306.30	316.41
	机 械 费（元）		—	—	—	—
	名 称	单位	单价（元）	消 耗		量
材料	水	m³	7.96	0.178	0.178	0.178	0.178
	水泥 32.5级	kg	0.29	324.000	—	—	—
	水泥 42.5级	kg	0.33	—	307.000	349.000	387.000
	碎石	t	106.80	1.220	1.220	1.220	1.220
	中(粗)砂	t	87.00	0.698	0.715	0.683	0.655

定 额 编 号				G5-66	G5-67	G5-68
				C40	C45	C50
项 目 名 称				碎石最大粒径31.5mm		
				坍落度10～30		
基 价（元）				327.83	331.45	342.05
其中	人 工 费（元）			—	—	—
	材 料 费（元）			327.83	331.45	342.05
	机 械 费（元）			—	—	—
名 称		单位	单价(元)	消	耗	量
材料	水	m³	7.96	0.178	0.178	0.178
	水泥 42.5级	kg	0.33	434.000	—	—
	水泥 52.5级	kg	0.35	—	414.000	451.000
	碎石	t	106.80	1.220	1.230	1.230
	中(粗)砂	t	87.00	0.608	0.618	0.591

(2)坍落度35～50

定 额 编 号			G5-69	G5-70	G5-71	G5-72
项 目 名 称			C15	C20	C25	C30
			碎石最大粒径31.5mm			
			坍落度35～50			
基 价（元）			275.53	286.90	296.20	307.77
其中	人 工 费（元）		—	—	—	—
	材 料 费（元）		275.53	286.90	296.20	307.77
	机 械 费（元）		—	—	—	—
名 称	单位	单价（元）	消	耗		量
材料	水	m³	7.96	0.185	0.185	0.185	0.185
	水泥 32.5级	kg	0.29	280.000	336.000	—	—
	水泥 42.5级	kg	0.33	—	—	319.000	363.000
	碎石	t	106.80	1.150	1.150	1.150	1.150
	中(粗)砂	t	87.00	0.805	0.749	0.766	0.732

定 额 编 号			G5-73	G5-74	G5-75	G5-76
			C35	C40	C45	C50
项 目 名 称			碎石最大粒径31.5mm			
			坍落度35～50			
基 价 （元）			317.24	330.02	333.72	343.71
其中	人 工 费（元）		—	—	—	—
	材 料 费（元）		317.24	330.02	333.72	343.71
	机 械 费（元）		—	—	—	—
名 称	单位	单价(元)	消 耗		量	
材料 水	m³	7.96	0.185	0.185	0.185	0.185
水泥 42.5级	kg	0.33	402.000	451.000	—	—
水泥 52.5级	kg	0.35	—	—	430.000	468.000
碎石	t	106.80	1.150	1.150	1.160	1.160
中(粗)砂	t	87.00	0.693	0.654	0.665	0.627

(3)坍落度55～70

定 额 编 号			G5-77	G5-78	G5-79	G5-80
			C15	C20	C25	C30
项 目 名 称			碎石最大粒径31.5mm			
			坍落度55～70			
基 价（元）			277.78	289.96	299.55	311.59
其中	人 工 费（元）		—	—	—	—
	材 料 费（元）		277.78	289.96	299.55	311.59
	机 械 费（元）		—	—	—	—
名 称	单位	单价（元）	消 耗			量
水	m³	7.96	0.195	0.195	0.195	0.195
材 水泥 32.5级	kg	0.29	295.000	355.000	—	—
水泥 42.5级	kg	0.33	—	—	336.000	382.000
料 碎石	t	106.80	1.150	1.150	1.150	1.150
中(粗)砂	t	87.00	0.780	0.720	0.739	0.703

299

定 额 编 号				G5-81	G5-82	G5-83	G5-84
项 目 名 称				C35	C40	C45	C50
				碎石最大粒径31.5mm			
				坍落度55～70			
基 价（元）				322.20	335.70	339.17	349.96
其中	人 工 费（元）			—	—	—	—
	材 料 费（元）			322.20	335.70	339.17	349.96
	机 械 费（元）			—	—	—	—
名 称		单位	单价（元）	消 耗 量			
材料	水	m³	7.96	0.195	0.195	0.195	0.195
	水泥 42.5级	kg	0.33	424.000	476.000	—	—
	水泥 52.5级	kg	0.35	—	—	453.000	494.000
	碎石	t	106.80	1.170	1.170	1.170	1.170
	中(粗)砂	t	87.00	0.641	0.599	0.622	0.581

(4)坍落度75～90

定 额 编 号				G5-85	G5-86	G5-87	G5-88
项 目 名 称				C15	C20	C25	C30
				碎石最大粒径31.5mm			
				坍落度75～90			
基 价（元）				280.24	292.83	303.76	315.66
其中	人 工 费（元）			—	—	—	—
	材 料 费（元）			280.24	292.83	303.76	315.66
	机 械 费（元）			—	—	—	—
名 称		单位	单价(元)	消 耗			量
材料	水	m³	7.96	0.205	0.205	0.205	0.205
	水泥 32.5级	kg	0.29	311.000	373.000	—	—
	水泥 42.5级	kg	0.33	—	—	353.000	402.000
	碎石	t	106.80	1.150	1.150	1.150	1.150
	中(粗)砂	t	87.00	0.754	0.692	0.722	0.673

定　额　编　号			G5-89	G5-90	G5-91	G5-92
			C35	C40	C45	C50
项　目　名　称			碎石最大粒径31.5mm			
			坍落度75～90			
基　　　　价（元）			327.62	340.74	344.69	355.74
其中	人　工　费（元）		—	—	—	—
	材　料　费（元）		327.62	340.74	344.69	355.74
	机　械　费（元）		—	—	—	—
名　　称	单位	单价（元）	消	耗		量
材料	水	m³	7.96	0.205	0.205	0.205	0.205
	水泥 42.5级	kg	0.33	446.000	500.000	—	—
	水泥 52.5级	kg	0.35	—	—	477.000	519.000
	碎石	t	106.80	1.170	1.170	1.170	1.170
	中(粗)砂	t	87.00	0.619	0.565	0.588	0.546

4. 粒径5～40mm
(1) 坍落度10～30

计量单位：m³

定 额 编 号				G5-93	G5-94	G5-95	G5-96
项 目 名 称				C20	C25	C30	C35
				碎石最大粒径40mm			
				坍落度10～30			
基 价（元）				285.17	293.63	304.47	314.72
其中	人 工 费（元）			—	—	—	—
	材 料 费（元）			285.17	293.63	304.47	314.72
	机 械 费（元）			—	—	—	—
名 称		单位	单价（元）	消	耗		量
材料	水	m³	7.96	0.173	0.173	0.173	0.173
	水泥 32.5级	kg	0.29	315.000	—	—	—
	水泥 42.5级	kg	0.33	—	298.000	339.000	376.000
	碎石	t	106.80	1.230	1.230	1.230	1.250
	中(粗)砂	t	87.00	0.702	0.719	0.688	0.641

定　额　编　号			G5-97	G5-98	G5-99
项　目　名　称			C40	C45	C50
			碎石最大粒径40mm		
			坍落度10～30		
基　　　　　价（元）			325.90	329.08	339.42
其中	人　工　费（元）		—	—	—
	材　料　费（元）		325.90	329.08	339.42
	机　械　费（元）		—	—	—
名　　　称	单位	单价（元）	消	耗	量
材料	水	m³	7.96	0.173	0.173	0.173
	水泥 42.5级	kg	0.33	422.000	—	—
	水泥 52.5级	kg	0.35	—	402.000	438.000
	碎石	t	106.80	1.250	1.250	1.250
	中(粗)砂	t	87.00	0.595	0.615	0.589

(2)坍落度35～50

计量单位：m³

定　额　编　号				G5-100	G5-101	G5-102	G5-103
项　目　名　称				C15	C20	C25	C30
				碎石最大粒径40mm			
				坍落度35～50			
基　　　　价（元）				275.10	286.06	295.01	306.13
其中	人　工　费（元）			—	—	—	—
	材　料　费（元）			275.10	286.06	295.01	306.13
	机　械　费（元）			—	—	—	—
	名　　称	单位	单价(元)	消　　　耗　　　量			
材料	水	m³	7.96	0.180	0.180	0.180	0.180
	水泥 32.5级	kg	0.29	273.000	327.000	—	—
	水泥 42.5级	kg	0.33	—	—	310.000	353.000
	碎石	t	106.80	1.180	1.180	1.180	1.170
	中(粗)砂	t	87.00	0.787	0.733	0.750	0.727

305

定 额 编 号				G5-104	G5-105	G5-106	G5-107
项 目 名 称				C35	C40	C45	C50
				碎石最大粒径40mm			
				坍落度35～50			
基 价（元）				316.23	327.90	331.42	341.15
其中	人 工 费（元）			—	—	—	—
	材 料 费（元）			316.23	327.90	331.42	341.15
	机 械 费（元）			—	—	—	—
名 称		单位	单价（元）	消 耗 量			
材料	水	m³	7.96	0.180	0.180	0.180	0.180
	水泥 42.5级	kg	0.33	391.000	439.000	—	—
	水泥 52.5级	kg	0.35	—	—	419.000	456.000
	碎石	t	106.80	1.170	1.170	1.170	1.170
	中(粗)砂	t	87.00	0.699	0.651	0.671	0.634

(3)坍落度55～70

定 额 编 号			G5-108	G5-109	G5-110	G5-111
			C15	C20	C25	C30
项 目 名 称			碎石最大粒径40mm			
			坍落度55～70			
基 价（元）			276.57	288.14	297.17	308.98
其中	人 工 费（元）		—	—	—	—
	材 料 费（元）		276.57	288.14	297.17	308.98
	机 械 费（元）		—	—	—	—
	名 称	单位	单价（元）	消 耗 量		
材料	水	m³	7.96	0.187	0.187	0.187	0.187
	水泥 32.5级	kg	0.29	283.000	340.000	—	—
	水泥 42.5级 ·	kg	0.33	—	—	322.000	367.000
	碎石	t	106.80	1.180	1.180	1.170	1.170
	中(粗)砂	t	87.00	0.770	0.713	0.741	0.706

定　额　编　号				G5-112	G5-113	G5-114	G5-115
				C35	C40	C45	C50
项　目　名　称				碎石最大粒径40mm			
				坍落度55～70			
基　　　　价（元）				318.70	331.47	335.07	345.06
其中	人　工　费（元）			—	—	—	—
	材　料　费（元）			318.70	331.47	335.07	345.06
	机　械　费（元）			—	—	—	—
名　　称		单位	单价（元）	消　　耗　　量			
材料	水	m³	7.96	0.187	0.187	0.187	0.187
	水泥 42.5级	kg	0.33	407.000	456.000	—	—
	水泥 52.5级	kg	0.35	—	—	435.000	473.000
	碎石	t	106.80	1.170	1.170	1.170	1.170
	中(粗)砂	t	87.00	0.666	0.627	0.648	0.610

(4)坍落度75～90

计量单位：m³

定　额　编　号				G5-116	G5-117	G5-118	G5-119
项　目　名　称				C15	C20	C25	C30
				碎石最大粒径40mm			
				坍落度75～90			
基　　　　价（元）				278.83	291.01	301.82	313.00
其中	人　工　费（元）			—	—	—	—
	材　料　费（元）			278.83	291.01	301.82	313.00
	机　械　费（元）			—	—	—	—
名　　称		单位	单价（元）	消　　耗　　量			
材料	水	m³	7.96	0.197	0.197	0.197	0.197
	水泥 32.5级	kg	0.29	298.000	358.000	—	—
	水泥 42.5级	kg	0.33	—	—	340.000	386.000
	碎石	t	106.80	1.180	1.180	1.180	1.180
	中(粗)砂	t	87.00	0.745	0.685	0.713	0.667

309

定　额　编　号			G5-120	G5-121	G5-122	G5-123
项　目　名　称			C35	C40	C45	C50
			碎石最大粒径40mm			
			坍落度75～90			
基　　　价（元）			324.08	336.71	340.53	351.31
其中	人　工　费（元）		—	—	—	—
	材　料　费（元）		324.08	336.71	340.53	351.31
	机　械　费（元）		—	—	—	—
名　　称	单位	单价（元）	消	耗		量
材　　　料	水	m³	7.96	0.197	0.197	0.197	0.197

名　　称	单位	单价（元）	G5-120	G5-121	G5-122	G5-123
水	m³	7.96	0.197	0.197	0.197	0.197
水泥 42.5级	kg	0.33	428.000	480.000	—	—
水泥 52.5级	kg	0.35	—	—	458.000	499.000
碎石	t	106.80	1.180	1.180	1.180	1.180
中(粗)砂	t	87.00	0.635	0.583	0.605	0.564

5. 粒径5～16mm, 含外加剂
(1) 坍落度185～200

定　额　编　号				G5-124	G5-125	G5-126	G5-127
				C15	C20	C25	C30
项　目　名　称				碎石最大粒径16mm			
				坍落度185～200			
基　　　价（元）				292.26	310.57	321.30	335.41
其中	人　工　费（元）			—	—	—	—
	材　料　费（元）			292.26	310.57	321.30	335.41
	机　械　费（元）			—	—	—	—
名　　称		单位	单价(元)	消	耗		量
材料	水	m³	7.96	0.205	0.205	0.205	0.192
	水泥 32.5级	kg	0.29	325.000	402.000	—	—
	水泥 42.5级	kg	0.33	—	—	380.000	406.000
	碎石	t	106.80	1.020	1.020	1.020	1.020
	外加剂 CL-20	kg	2.80	—	—	—	7.600
	外加剂 ZX-II	kg	2.30	5.300	6.500	6.500	—
	中(粗)砂	t	87.00	0.865	0.787	0.809	0.801

定　额　编　号				G5-128	G5-129	G5-130
项　目　名　称				C35	C40	C45
				碎石最大粒径16mm		
				坍落度185～200		
基　　　　　价（元）				356.37	372.83	374.55
其中	人　工　费（元）			—	—	—
	材　料　费（元）			356.37	372.83	374.55
	机　械　费（元）			—	—	—
名　　称		单位	单价（元）	消	耗	量
材料	水	m³	7.96	0.192	0.192	0.192
	水泥 42.5级	kg	0.33	480.000	533.000	—
	水泥 52.5级	kg	0.35	—	—	499.000
	碎石	t	106.80	1.020	1.030	1.030
	外加剂 CL-20	kg	2.80	8.600	9.500	9.500
	中(粗)砂	t	87.00	0.729	0.676	0.710

(2)坍落度155～180

定 额 编 号			G5-131	G5-132	G5-133	G5-134
项 目 名 称			C15	C20	C25	C30
			碎石最大粒径16mm			
			坍落度155～180			
基 价（元）			290.32	307.79	318.20	332.47
其中	人 工 费（元）		—	—	—	—
	材 料 费（元）		290.32	307.79	318.20	332.47
	机 械 费（元）		—	—	—	—
名 称	单位	单价（元）	消 耗 量			
材料	水	m³	7.96	0.198	0.198	0.198	0.185
	水泥 32.5级	kg	0.29	314.000	388.000	—	—
	水泥 42.5级	kg	0.33	—	—	367.000	394.000
	碎石	t	106.80	1.030	1.030	1.030	1.030
	外加剂 CL-20	kg	2.80	—	—	—	7.200
	外加剂 ZX-II	kg	2.30	5.100	6.200	6.200	—
	中(粗)砂	t	87.00	0.873	0.798	0.819	0.814

定 额 编 号				G5-135	G5-136	G5-137
项 目 名 称				C35	C40	C45
				碎石最大粒径16mm		
				坍落度155～180		
基 价（元）				352.23	368.21	368.97
其中	人 工 费（元）			—	—	—
	材 料 费（元）			352.23	368.21	368.97
	机 械 费（元）			—	—	—
名 称		单位	单价(元)	消	耗	量
材料	水·	m³	7.96	0.185	0.185	0.185
	水泥 42.5级	kg	0.33	463.000	514.000	—
	水泥 52.5级	kg	0.35	—	—	481.000
	碎石	t	106.80	1.030	1.030	1.030
	外加剂 CL-20	kg	2.80	8.300	9.300	9.000
	中(粗)砂	t	87.00	0.744	0.702	0.735

(3)坍落度125～150

计量单位：m³

定 额 编 号				G5-138	G5-139	G5-140	G5-141
				C15	C20	C25	C30
项 目 名 称				碎石最大粒径16mm			
				坍落度125～150			
基 价（元）				289.93	307.45	317.62	329.08
其中	人 工 费（元）			—	—	—	—
	材 料 费（元）			289.93	307.45	317.62	329.08
	机 械 费（元）			—	—	—	—
名 称		单位	单价（元）	消 耗 量			
材料	水	m³	7.96	0.195	0.195	0.195	0.180
	水泥 32.5级	kg	0.29	310.000	382.000	—	—
	水泥 42.5级	kg	0.33	—	—	361.000	383.000
	碎石	t	106.80	1.030	1.030	1.030	1.030
	外加剂 CL-20	kg	2.80	—	—	—	6.800
	外加剂 ZX-Ⅱ	kg	2.30	4.800	6.100	6.100	—
	中(粗)砂	t	87.00	0.890	0.817	0.838	0.830

定　额　编　号			G5-142	G5-143	G5-144
项　目　名　称			C35	C40	C45
			碎石最大粒径16mm		
			坍落度125～150		
基　　　　价（元）			349.22	363.80	364.63
其中	人　工　费（元）		—	—	—
	材　料　费（元）		349.22	363.80	364.63
	机　械　费（元）		—	—	—
名　　　　称	单位	单价（元）	消	耗	量
材料	水	m³	7.96	0.180	0.180	0.180
	水泥 42.5级	kg	0.33	450.000	500.000	—
	水泥 52.5级	kg	0.35	—	—	468.000
	碎石	t	106.80	1.030	1.030	1.030
	外加剂 CL-20	kg	2.80	7.900	8.800	8.500
	中(粗)砂	t	87.00	0.772	0.721	0.754

(4)坍落度95～120

计量单位：m³

定 额 编 号			G5-145	G5-146	G5-147	G5-148
			C15	C20	C25	C30
项 目 名 称			碎石最大粒径16mm			
			坍落度95～120			
基 价 （元）			287.83	305.78	316.00	327.28
其中	人 工 费 （元）		—	—	—	—
	材 料 费 （元）		287.83	305.78	316.00	327.28
	机 械 费 （元）		—	—	—	—
名 称	单位	单价（元）	消	耗		量
材料 水	m³	7.96	0.190	0.190	0.190	0.176
水泥 32.5级	kg	0.29	302.000	373.000	—	—
水泥 42.5级	kg	0.33	—	—	352.000	375.000
碎石	t	106.80	1.030	1.030	1.050	1.050
外加剂 CL-20	kg	2.80	—	—	—	6.600
外加剂 ZX-Ⅱ	kg	2.30	4.800	6.000	6.000	—
中(粗)砂	t	87.00	0.893	0.831	0.832	0.822

計量单位：m³

定 额 编 号				G5-149	G5-150	G5-151
				C35	C40	C45
项 目 名 称				碎石最大粒径16mm		
				坍落度95～120		
基 价（元）				346.94	361.28	361.61
其中	人 工 费（元）			—	—	—
	材 料 费（元）			346.94	361.28	361.61
	机 械 费（元）			—	—	—
名 称		单位	单价（元）	消	耗	量
水		m³	7.96	0.176	0.176	0.176
水泥 42.5级		kg	0.33	440.000	489.000	—
水泥 52.5级		kg	0.35	—	—	457.000
碎石		t	106.80	1.050	1.050	1.050
外加剂 CL-20		kg	2.80	7.700	8.600	8.200
中(粗)砂		t	87.00	0.766	0.716	0.749

材料（vertical label）

318

6.粒径5～20mm, 含外加剂
(1)坍落度185～200

计量单位: m³

定　额　编　号			G5-152	G5-153	G5-154	G5-155
项　目　名　称			C15	C20	C25	C30
			碎石最大粒径20mm			
			坍落度185～200			
基　　　　价（元）			288.04	305.74	314.86	329.83
其中	人　工　费（元）		—	—	—	—
	材　料　费（元）		288.04	305.74	314.86	329.83
	机　械　费（元）		—	—	—	—
名　　　称	单位	单价(元)	消　　　耗　　　量			
水	m³	7.96	0.198	0.198	0.198	0.185
水泥 32.5级	kg	0.29	300.000	374.000	—	—
水泥 42.5级	kg	0.33	—	—	350.000	381.000
碎石	t	106.80	1.070	1.070	1.070	1.070
外加剂 CL-20	kg	2.80	—	—	—	7.100
外加剂 ZX-Ⅱ	kg	2.30	5.000	6.200	6.200	—
中(粗)砂	t	87.00	0.847	0.772	0.796	0.787

计量单位：m³

定　额　编　号				G5-156	G5-157	G5-158	G5-159
项　目　名　称				C35	C40	C45	C50
				碎石最大粒径20mm			
				坍落度185～200			
基　　　价（元）				349.77	362.28	364.52	380.63
其中	人　工　费（元）			—	—	—	—
	材　料　费（元）			349.77	362.28	364.52	380.63
	机　械　费（元）			—	—	—	—
	名　　　称	单位	单价（元）	消　　　耗　　　量			
材料	水	m³	7.96	0.185	0.180	0.180	0.180
	水泥 42.5级	kg	0.33	446.000	487.000	—	—
	水泥 52.5级	kg	0.35	—	—	462.000	514.000
	碎石	t	106.80	1.070	1.070	1.080	1.080
	外加剂 CL-20	kg	2.80	8.300	9.100	8.700	9.600
	中(粗)砂	t	87.00	0.731	0.694	0.709	0.656

(2)坍落度155～180

定　额　编　号			G5-160	G5-161	G5-162	G5-163
			C15	C20	C25	C30
项　目　名　称			碎石最大粒径20mm			
			坍落度155～180			
基　　　价（元）			287.86	305.99	315.12	327.55
其中	人　工　费（元）		—	—	—	—
	材　料　费（元）		287.86	305.99	315.12	327.55
	机　械　费（元）		—	—	—	—
名　　称	单位	单价（元）	消	耗		量
材料	水	m³	7.96	0.195	0.195	0.195	0.180
	水泥 32.5级	kg	0.29	295.000	368.000	—	—
	水泥 42.5级	kg	0.33	—	—	345.000	371.000
	碎石	t	106.80	1.100	1.100	1.100	1.100
	外加剂 CL-20	kg	2.80	—	—	—	6.800
	外加剂 ZX-Ⅱ	kg	2.30	5.000	6.100	6.100	—
	中(粗)砂	t	87.00	0.825	0.761	0.784	0.772

定 额 编 号			G5-164	G5-165	G5-166	G5-167
			C35	C40	C45	C50
项 目 名 称			碎石最大粒径20mm			
			坍落度155～180			
基 价（元）			346.44	360.45	360.66	377.38
其中	人 工 费（元）		—	—	—	—
	材 料 费（元）		346.44	360.45	360.66	377.38
	机 械 费（元）		—	—	—	—
名 称	单位	单价（元）	消 耗 量			
水	m³	7.96	0.180	0.178	0.175	0.175
水泥 42.5级	kg	0.33	434.000	481.000	—	—
水泥 52.5级	kg	0.35	—	—	449.000	500.000
碎石	t	106.80	1.100	1.100	1.090	1.090
外加剂 CL-20	kg	2.80	7.800	8.700	8.300	9.200
中(粗)砂	t	87.00	0.718	0.672	0.718	0.676

322

(3)坍落度125～150

定 额 编 号			G5-168	G5-169	G5-170	G5-171
项 目 名 称			C15	C20	C25	C30
			碎石最大粒径20mm			
			坍落度125～150			
基 价（元）			286.11	303.63	312.61	324.96
其中	人 工 费（元）		—	—	—	—
	材 料 费（元）		286.11	303.63	312.61	324.96
	机 械 费（元）		—	—	—	—
名 称	单位	单价（元）	消 耗		量	
材料	水	m³	7.96	0.190	0.190	0.190	0.175
	水泥 32.5级	kg	0.29	288.000	358.000	—	—
	水泥 42.5级	kg	0.33	—	—	336.000	361.000
	碎石	t	106.80	1.110	1.110	1.110	1.110
	外加剂 CL-20	kg	2.80	—	—	—	6.500
	外加剂 ZX-Ⅱ	kg	2.30	4.600	5.700	5.700	—
	中(粗)砂	t	87.00	0.827	0.766	0.788	0.778

定　额　编　号			G5-172	G5-173	G5-174	G5-175
			C35	C40	C45	C50
项　目　名　称			碎石最大粒径20mm			
			坍落度125～150			
基　　　价（元）			343.36	358.19	370.83	373.53
其中	人　工　费（元）		—	—	—	—
	材　料　费（元）		343.36	358.19	370.83	373.53
	机　械　费（元）		—	—	—	—
名　　称	单位	单价（元）	消	耗		量
材料	水	m³	7.96	0.175	0.175	0.170	0.170
	水泥 42.5级	kg	0.33	422.000	473.000	515.000	—
	水泥 52.5级	kg	0.35	—	—	—	486.000
	碎石	t	106.80	1.110	1.110	1.090	1.090
	外加剂 CL-20	kg	2.80	7.500	8.400	9.300	9.000
	中(粗)砂	t	87.00	0.726	0.674	0.656	0.695

(4)坍落度95～120

计量单位：m³

定　额　编　号			G5-176	G5-177	G5-178	G5-179
项　目　名　称			C15	C20	C25	C30
			碎石最大粒径20mm			
			坍落度95～120			
基　　　　价（元）			284.85	302.40	311.01	322.16
其中	人　工　费（元）		—	—	—	—
	材　料　费（元）		284.85	302.40	311.01	322.16
	机　械　费（元）		—	—	—	—
名　　称	单位	单价(元)	消	耗		量
水	m³	7.96	0.185	0.185	0.185	0.170
水泥 32.5级	kg	0.29	280.000	349.000	—	—
水泥 42.5级	kg	0.33	—	—	327.000	351.000
碎石	t	106.80	1.120	1.120	1.120	1.100
外加剂 CL-20	kg	2.80	—	—	—	6.300
外加剂 ZX-Ⅱ	kg	2.30	4.500	5.700	5.700	—
中(粗)砂	t	87.00	0.830	0.770	0.792	0.803

材料

定　额　编　号			G5-180	G5-181	G5-182	G5-183
			C35	C40	C45	C50
项　目　名　称			碎石最大粒径20mm			
			坍落度95～120			
基　　　　　价（元）			340.08	354.70	369.36	371.07
其中	人　工　费（元）		—	—	—	—
	材　料　费（元）		340.08	354.70	369.36	371.07
	机　械　费（元）		—	—	—	—
名　　　　称	单位	单价（元）	消　　　耗　　　量			
材　料	水	m³	7.96	0.170	0.170	0.168	0.168
	水泥 42.5级	kg	0.33	410.000	459.000	509.000	—
	水泥 52.5级	kg	0.35	—	—	—	480.000
	碎石	t	106.80	1.100	1.100	1.080	1.080
	外加剂 CL-20	kg	2.80	7.300	8.300	9.000	8.700
	中(粗)砂	t	87.00	0.753	0.703	0.684	0.713

7. 粒径5～31.5mm, 含外加剂
(1) 坍落度185～200

定 额 编 号			G5-184	G5-185	G5-186	G5-187
			C15	C20	C25	C30
项 目 名 称			碎石最大粒径31.5mm			
			坍落度185～200			
基 价（元）			287.86	305.99	315.12	326.90
其中	人 工 费（元）		—	—	—	—
	材 料 费（元）		287.86	305.99	315.12	326.90
	机 械 费（元）		—	—	—	—
名 称	单位	单价(元)	消	耗		量
材料	水	m³	7.96	0.195	0.195	0.195	0.178
	水泥 32.5级	kg	0.29	295.000	368.000	—	—
	水泥 42.5级	kg	0.33	—	—	345.000	367.000
	碎石	t	106.80	1.100	1.100	1.100	1.080
	外加剂 CL-20	kg	2.80	—	—	—	7.000
	外加剂 ZX-Ⅱ	kg	2.30	5.000	6.100	6.100	—
	中(粗)砂	t	87.00	0.825	0.761	0.784	0.798

定 额 编 号				G5-188	G5-189	G5-190	G5-191
项 目 名 称				C35	C40	C45	C50
				碎石最大粒径31.5mm			
				坍落度185～200			
基 价（元）				345.27	360.61	361.50	378.02
其中	人 工 费（元）			—	—	—	—
	材 料 费（元）			345.27	360.61	361.50	378.02
	机 械 费（元）			—	—	—	—
名 称	单位	单价(元)		消 耗 量			
材 料	水	m³	7.96	0.178	0.178	0.175	0.175
	水泥 42.5级	kg	0.33	429.000	481.000	—	—
	水泥 52.5级	kg	0.35	—	—	449.000	500.000
	碎石	t	106.80	1.080	1.080	1.080	1.080
	外加剂 CL-20	kg	2.80	7.900	8.900	8.700	9.500
	中(粗)砂	t	87.00	0.745	0.692	0.727	0.686

计量单位：m³

定　额　编　号				G5-192	G5-193	G5-194	G5-195
项　目　名　称				C15	C20	C25	C30
				碎石最大粒径31.5mm			
				坍落度155～180			
基　　　价　（元）				286.11	303.63	312.61	324.96
其中	人　工　费（元）			—	—	—	—
	材　料　费（元）			286.11	303.63	312.61	324.96
	机　械　费（元）			—	—	—	—
名　　称		单位	单价(元)	消	耗		量
材料	水	m³	7.96	0.190	0.190	0.190	0.175
	水泥 32.5级	kg	0.29	288.000	358.000	—	—
	水泥 42.5级	kg	0.33	—	—	336.000	361.000
	碎石	t	106.80	1.110	1.110	1.110	1.110
	外加剂 CL-20	kg	2.80	—	—	—	6.500
	外加剂 ZX-II	kg	2.30	4.600	5.700	5.700	—
	中(粗)砂	t	87.00	0.827	0.766	0.788	0.778

定　额　编　号			G5-196	G5-197	G5-198	G5-199
项　目　名　称			C35	C40	C45	C50
			碎石最大粒径31.5mm			
			坍落度155～180			
基　　　　价（元）			343.36	358.19	357.67	374.41
其中	人　工　费（元）		—	—	—	—
	材　料　费（元）		343.36	358.19	357.67	374.41
	机　械　费（元）		—	—	—	—
名　　　称	单位	单价（元）	消　　耗　　量			
材料						
水	m³	7.96	0.175	0.175	0.172	0.172
水泥 42.5级	kg	0.33	422.000	473.000	—	—
水泥 52.5级	kg	0.35	—	—	441.000	491.000
碎石	t	106.80	1.110	1.110	1.090	1.090
外加剂 CL-20	kg	2.80	7.500	8.400	7.900	8.900
中(粗)砂	t	87.00	0.726	0.674	0.729	0.688

(3)坍落度125～150

定 额 编 号			单位	单价(元)	G5-200	G5-201	G5-202	G5-203
项 目 名 称					C15	C20	C25	C30
					碎石最大粒径31.5mm			
					坍落度125～150			
基 价 (元)					285.05	302.60	311.21	323.39
其中	人 工 费(元)				—	—	—	—
	材 料 费(元)				285.05	302.60	311.21	323.39
	机 械 费(元)				—	—	—	—
名 称			单位	单价(元)	消 耗 量			
材料	水		m³	7.96	0.185	0.185	0.185	0.173
	水泥 32.5级		kg	0.29	280.000	349.000	—	—
	水泥 42.5级		kg	0.33	—	—	327.000	357.000
	碎石		t	106.80	1.130	1.130	1.130	1.100
	外加剂 CL-20		kg	2.80	—	—	—	6.300
	外加剂 ZX-II		kg	2.30	4.500	5.700	5.700	—
	中(粗)砂		t	87.00	0.820	0.760	0.782	0.794

定　额　编　号			G5-204	G5-205	G5-206	G5-207
			C35	C40	C45	C50
项　目　名　称			碎石最大粒径31.5mm			
			坍落度125～150			
基　　价（元）			341.55	356.93	369.25	371.55
其中	人　工　费（元）		—	—	—	—
	材　料　费（元）		341.55	356.93	369.25	371.55
	机　械　费（元）		—	—	—	—
名　　称	单位	单价（元）	消　　耗　　量			
材料 水	m³	7.96	0.173	0.173	0.168	0.168
水泥 42.5级	kg	0.33	417.000	468.000	509.000	—
水泥 52.5级	kg	0.35	—	—	—	480.000
碎石	t	106.80	1.100	1.100	1.090	1.090
外加剂 CL-20	kg	2.80	7.300	8.400	9.200	8.800
中(粗)砂	t	87.00	0.743	0.691	0.664	0.703

(4)坍落度95～120

定 额 编 号				G5-208	G5-209	G5-210	G5-211
				C15	C20	C25	C30
项 目 名 称				碎石最大粒径31.5mm			
				坍落度95～120			
基 价 （元）				283.73	300.79	309.41	320.01
其中	人 工 费 （元）			—	—	—	—
	材 料 费 （元）			283.73	300.79	309.41	320.01
	机 械 费 （元）			—	—	—	—
名 称		单位	单价(元)	消	耗		量
材料	水	m³	7.96	0.182	0.182	0.182	0.166
	水泥 32.5级	kg	0.29	276.000	343.000	—	—
	水泥 42.5级	kg	0.33	—	—	322.000	342.000
	碎石	t	106.80	1.100	1.100	1.100	1.100
	外加剂 CL-20	kg	2.80	—	—	—	6.200
	外加剂 ZX-Ⅱ	kg	2.30	4.400	5.600	5.600	—
	中(粗)砂	t	87.00	0.858	0.799	0.820	0.816

計量单位：m³

定　额　编　号				G5-212	G5-213	G5-214	G5-215
项　目　名　称				C35	C40	C45	C50
				碎石最大粒径31.5mm			
				坍落度95～120			
基　　　价（元）				337.41	352.59	363.52	365.38
其中	人　工　费（元）			—	—	—	—
	材　料　费（元）			337.41	352.59	363.52	365.38
	机　械　费（元）			—	—	—	—
名　　称		单位	单价（元）	消	耗		量
材料	水	m³	7.96	0.166	0.166	0.160	0.160
	水泥 42.5级	kg	0.33	400.000	449.000	485.000	—
	水泥 52.5级	kg	0.35	—	—	—	457.000
	碎石	t	106.80	1.100	1.100	1.090	1.090
	外加剂 CL-20	kg	2.80	7.100	8.300	8.700	8.500
	中(粗)砂	t	87.00	0.767	0.717	0.706	0.735

8.粒径5～40mm,含外加剂
(1)坍落度185～200

定　额　编　号			G5-216	G5-217	G5-218	G5-219
项　目　名　称			C15	C20	C25	C30
			碎石最大粒径40mm			
			坍落度185～200			
基　　　价（元）			287.86	305.99	315.12	326.49
其中	人　工　费（元）		—	—	—	—
	材　料　费（元）		287.86	305.99	315.12	326.49
	机　械　费（元）		—	—	—	—
名　　称	单位	单价(元)	消	耗		量
材料	水	m³	7.96	0.195	0.195	0.195	0.177
	水泥 32.5级	kg	0.29	295.000	368.000	—	—
	水泥 42.5级	kg	0.33	—	—	345.000	365.000
	碎石	t	106.80	1.100	1.100	1.100	1.080
	外加剂 CL-20	kg	2.80	—	—	—	7.000
	外加剂 ZX-II	kg	2.30	5.000	6.100	6.100	—
	中(粗)砂	t	87.00	0.825	0.761	0.784	0.801

定　额　编　号			G5-220	G5-221	G5-222	G5-223
			C35	C40	C45	C50
项　目　名　称			碎石最大粒径40mm			
			坍落度185～200			
基　　　价（元）			344.86	360.14	361.50	378.02
其中	人　工　费（元）		—	—	—	—
	材　料　费（元）		344.86	360.14	361.50	378.02
	机　械　费（元）		—	—	—	—
名　　　称	单位	单价（元）	消　　　耗　　　量			
水	m³	7.96	0.177	0.177	0.175	0.175
水泥 42.5级	kg	0.33	427.000	478.000	—	—
水泥 52.5级	kg	0.35	—	—	449.000	500.000
碎石	t	106.80	1.080	1.080	1.080	1.080
外加剂 CL-20	kg	2.80	7.900	8.900	8.700	9.500
中(粗)砂	t	87.00	0.748	0.698	0.727	0.686

材料

(2)坍落度155～180

计量单位：m³

定　额　编　号				G5-224	G5-225	G5-226	G5-227
项　目　名　称				C15	C20	C25	C30
				碎石最大粒径40mm			
				坍落度155～180			
基　　　　价（元）				285.33	302.85	311.63	323.58
其中	人　工　费（元）			—	—	—	—
	材　料　费（元）			285.33	302.85	311.63	323.58
	机　械　费（元）			—	—	—	—
名　　　称		单位	单价（元）	消	耗		量
材料	水	m³	7.96	0.187	0.187	0.187	0.173
	水泥 32.5级	kg	0.29	283.000	353.000	—	—
	水泥 42.5级	kg	0.33	—	—	331.000	357.000
	碎石	t	106.80	1.110	1.110	1.110	1.110
	外加剂 CL-20	kg	2.80	—	—	—	6.300
	外加剂 ZX-Ⅱ	kg	2.30	4.600	5.700	5.700	—
	中(粗)砂	t	87.00	0.835	0.774	0.796	0.784

定 额 编 号			G5-228	G5-229	G5-230	G5-231
			C35	C40	C45	C50
项 目 名 称			碎石最大粒径40mm			
			坍落度155～180			
基　　　价（元）			342.31	355.15	367.55	373.53
其中	人 工 费（元）		—	—	—	—
	材 料 费（元）		342.31	355.15	367.55	373.53
	机 械 费（元）		—	—	—	—
名　　　称	单位	单价(元)	消	耗		量
材料　水	m³	7.96	0.173	0.170	0.170	0.170
水泥 42.5级	kg	0.33	417.000	460.000	515.000	—
水泥 52.5级	kg	0.35	—	—	—	486.000
碎石	t	106.80	1.110	1.110	1.090	1.090
外加剂 CL-20	kg	2.80	7.500	8.300	8.100	9.000
中(粗)砂	t	87.00	0.733	0.692	0.657	0.695

(3)坍落度125～150

定　额　编　号			G5-232	G5-233	G5-234	G5-235
项　目　名　称			C15	C20	C25	C30
			碎石最大粒径40mm			
			坍落度125～150			
基　　　价（元）			284.85	302.40	311.01	322.57
其中	人　工　费（元）		—	—	—	—
	材　料　费（元）		284.85	302.40	311.01	322.57
	机　械　费（元）		—	—	—	—
名　　称	单位	单价(元)	消　　耗　　量			
材料	水	m³	7.96	0.185	0.185	0.185	0.171
	水泥 32.5级	kg	0.29	280.000	349.000	—	—
	水泥 42.5级	kg	0.33	—	—	327.000	353.000
	碎石	t	106.80	1.120	1.120	1.120	1.100
	外加剂 CL-20	kg	2.80	—	—	—	6.300
	外加剂 ZX-Ⅱ	kg	2.30	4.500	5.700	5.700	—
	中(粗)砂	t	87.00	0.830	0.770	0.792	0.800

定 额 编 号			G5-236	G5-237	G5-238	G5-239
			C35	C40	C45	C50
项 目 名 称			碎石最大粒径40mm			
			坍落度125～150			
基 价（元）			340.49	355.63	369.19	370.84
其中	人 工 费（元）		—	—	—	—
	材 料 费（元）		340.49	355.63	369.19	370.84
	机 械 费（元）		—	—	—	—
名 称	单位	单价（元）	消		耗	量
材料	水	m³	7.96	0.171	0.171	0.167	0.167
	水泥 42.5级	kg	0.33	412.000	462.000	506.000	—
	水泥 52.5级	kg	0.35	—	—	—	477.000
	碎石	t	106.80	1.100	1.100	1.090	1.090
	外加剂 CL-20	kg	2.80	7.300	8.400	9.100	8.800
	中(粗)砂	t	87.00	0.750	0.699	0.678	0.707

(4)坍落度95～120

定 额 编 号		G5-240	G5-241	G5-242	G5-243
		C15	C20	C25	C30
项 目 名 称		碎石最大粒径40mm			
		坍落度95～120			
基 价（元）		283.68	300.74	309.23	322.61
其中	人 工 费（元）	—	—	—	—
	材 料 费（元）	283.68	300.74	309.23	322.61
	机 械 费（元）	—	—	—	—
名 称	单位	单价（元）	消 耗 量		
水	m³	7.96	0.180	0.180	0.180	0.165
水泥 32.5级	kg	0.29	273.000	340.000	—	—
水泥 42.5级	kg	0.33	—	—	319.000	340.000
碎石	t	106.80	1.120	1.120	1.120	1.120
外加剂 CL-20	kg	2.80	—	—	—	6.200
外加剂 ZX-Ⅱ	kg	2.30	4.400	5.600	5.600	—
中(粗)砂	t	87.00	0.843	0.784	0.805	0.829

定　额　编　号				G5-244	G5-245	G5-246	G5-247
项　目　名　称				C35	C40	C45	C50
				碎石最大粒径40mm			
				坍落度95～120			
基　　　价（元）				337.00	351.94	363.52	365.38
其中	人　工　费（元）			—	—	—	—
	材　料　费（元）			337.00	351.94	363.52	365.38
	机　械　费（元）			—	—	—	—
名　　　称		单位	单价（元）	消　　　耗　　　量			
材料	水	m³	7.96	0.165	0.165	0.160	0.160
	水泥 42.5级	kg	0.33	398.000	446.000	485.000	—
	水泥 52.5级	kg	0.35	—	—	—	457.000
	碎石	t	106.80	1.100	1.100	1.090	1.090
	外加剂 CL-20	kg	2.80	7.100	8.300	8.700	8.500
	中(粗)砂	t	87.00	0.770	0.721	0.706	0.735

9.坍落度100～140,含外加剂

定 额 编 号			G5-248	G5-249
项 目 名 称			C55	C60
			碎石粒径5～25mm	
			坍落度100～140	
基 价 (元)			373.89	379.88
其中	人 工 费 (元)		—	—
	材 料 费 (元)		373.89	379.88
	机 械 费 (元)		—	—
名 称	单位	单价(元)	消 耗 量	
材料	粉煤灰 Ⅰ级	kg	0.03	70.000	60.000
	水	m³	7.96	0.158	0.153
	水泥 52.5级	kg	0.35	490.000	500.000
	碎石	t	106.80	1.100	1.100
	外加剂 CL-20	kg	2.80	9.800	—
	外加剂 CL-3	kg	3.50	—	8.500
	中(粗)砂	t	87.00	0.622	0.628

计量单位：m³

定 额 编 号			G5-250	G5-251	G5-252
项 目 名 称			C60	C70	C75
			碎石粒径 5～31.5mm	碎石粒径 5～25mm	碎石粒径 5～20mm
			坍落度100～140		
基 价（元）			386.28	445.00	498.72
其中	人 工 费（元）		—	—	—
	材 料 费（元）		386.28	445.00	498.72
	机 械 费（元）		—	—	—
名 称	单位	单价（元）	消	耗	量
材料					
S95矿渣粉	kg	0.35	40.000	38.000	40.000
SF硅粉	kg	2.80	—	20.000	40.000
粉煤灰 Ⅰ级	kg	0.03	40.000	50.000	38.000
水	m³	7.96	0.153	0.148	0.148
水泥 52.5级	kg	0.35	480.000	480.000	470.000
碎石	t	106.80	1.100	1.100	1.100
外加剂 CL-3	kg	3.50	8.500	9.800	10.000
中(粗)砂	t	87.00	0.628	0.612	0.614

二、砂浆配合比

1.砌筑砂浆

(1)水泥砂浆

计量单位：m³

定 额 编 号			单位	单价(元)	G5-253	G5-254	G5-255	G5-256
项 目 名 称					水泥砂浆			
					M5	M7.5	M10	M15
基 价 (元)					192.88	201.87	209.99	225.36
其中	人 工 费 (元)				—	—	—	—
	材 料 费 (元)				192.88	201.87	209.99	225.36
	机 械 费 (元)				—	—	—	—
名 称			单位	单价(元)	消	耗		量
材料	水		m³	7.96	0.295	0.295	0.295	0.295
	水泥 32.5级		kg	0.29	213.000	244.000	272.000	325.000
	中(粗)砂		t	87.00	1.480	1.480	1.480	1.480

345

定　额　编　号			G5-257	G5-258	G5-259
项　目　名　称			水泥砂浆		
			M20	M25	M30
基　　　　　价（元）			243.34	246.61	263.11
其中	人　工　费（元）		—	—	—
	材　料　费（元）		243.34	246.61	263.11
	机　械　费（元）		—	—	—
名　称	单位	单价（元）	消　　耗　　量		
材料	水	m³	7.96	0.295	0.295	0.295
	水泥 32.5级	kg	0.29	387.000	—	—
	水泥 42.5级	kg	0.33	—	350.000	400.000
	中(粗)砂	t	87.00	1.480	1.480	1.480

(2)混合砂浆

定 额 编 号				G5-260	G5-261	G5-262	G5-263
项 目 名 称				水泥混合砂浆			
				M5	M7.5	M10	M15
基 价（元）				217.47	221.59	222.60	233.19
其中	人 工 费（元）			—	—	—	—
	材 料 费（元）			217.47	221.59	222.60	233.19
	机 械 费（元）			—	—	—	—
材料	名 称	单位	单价（元）	消	耗		量
	石灰膏	t	195.01	0.139	0.120	0.085	0.065
	水	m³	7.96	0.270	0.270	0.270	0.270
	水泥 32.5级	kg	0.29	211.000	238.000	265.000	315.000
	中(粗)砂	t	87.00	1.460	1.460	1.460	1.460

2.抹灰用砂浆

定　额　编　号			G5-264	G5-265	G5-266
项　目　名　称			水泥砂浆		
			1：1	1：1.5	1：2
基　　　　价（元）			304.25	291.03	281.46
其中	人　工　费（元）		—	—	—
	材　料　费（元）		304.25	291.03	281.46
	机　械　费（元）		—	—	—
名　　称	单位	单价（元）	消　　耗　　量		
材料	水	m³	7.96	0.300	0.300	0.300
	水泥 32.5级	kg	0.29	758.000	638.000	551.000
	中(粗)砂	t	87.00	0.943	1.191	1.371

定 额 编 号				G5-267	G5-268
项 目 名 称				水泥砂浆	
				1：2.5	1：3
基 价 （元）				274.23	250.74
其中	人 工 费（元）			—	—
	材 料 费（元）			274.23	250.74
	机 械 费（元）			—	—
	名 称	单位	单价(元)	消 耗 量	
材料	水	m³	7.96	0.300	0.300
	水泥 32.5级	kg	0.29	485.000	404.000
	中(粗)砂	t	87.00	1.508	1.508

定　额　编　号	G5-269
项　目　名　称	干硬性水泥砂浆
基　　　　价（元）	235.34

其中	人　工　费（元）	一
	材　料　费（元）	235.34
	机　械　费（元）	一

	名　　　称	单位	单价（元）	消　　　　耗　　　　量
材 料	水	m³	7.96	0.150
	水泥 32.5级	kg	0.29	355.000
	中(粗)砂	t	87.00	1.508

定 额 编 号				G5-270	G5-271	G5-272
项 目 名 称				石灰砂浆		
				1:2	1:2.5	1:3
基 价（元）				238.09	235.96	219.00
其中	人 工 费（元）			—	—	—
	材 料 费（元）			238.09	235.96	219.00
	机 械 费（元）			—	—	—
名 称		单位	单价（元）	消	耗	量
材料	石灰膏	t	195.01	0.597	0.525	0.438
	水	m³	7.96	0.300	0.300	0.300
	中(粗)砂	t	87.00	1.371	1.508	1.508

定 额 编 号			G5-273	G5-274	G5-275	G5-276
项 目 名 称			水泥白石子浆			
			1：1.5	1：2	1：2.5	1：3
基 价（元）			630.24	618.35	620.67	605.59
其中	人 工 费（元）		—	—	—	—
	材 料 费（元）		630.24	618.35	620.67	605.59
	机 械 费（元）		—	—	—	—
名 称	单位	单价（元）	消 耗 量			
材料	白石子	kg	0.29	1229.000	1422.000	1570.000	1612.000
	水	m³	7.96	0.300	0.300	0.300	0.300
	水泥 32.5级	kg	0.29	936.000	702.000	562.000	468.000

计量单位：m^3

定额编号				G5-277	G5-278	G5-279	G5-280
项目名称				白水泥彩色石子浆			
				1∶1.5	1∶2	1∶2.5	1∶3
基价（元）				1002.85	862.79	786.15	722.07
其中	人工费（元）			—	—	—	—
	材料费（元）			1002.85	862.79	786.15	722.07
	机械费（元）			—	—	—	—
	名称	单位	单价(元)	消耗量			
材料	白水泥	kg	0.78	936.000	702.000	562.000	468.000
	彩色石子	kg	0.22	1229.000	1422.000	1570.000	1612.000
	水	m^3	7.96	0.300	0.300	0.300	0.300

定　额　编　号				G5-281	G5-282	G5-283	G5-284
项　目　名　称				混合砂浆			
				1:2:6	1:3:9	1:2:1	1:0.5:4
基　　　　价（元）				255.03	248.57	283.55	255.82
其中	人　工　费（元）			—	—	—	—
	材　料　费（元）			255.03	248.57	283.55	255.82
	机　械　费（元）			—	—	—	—
	名　　　称	单位	单价（元）	消	耗		量
材料	石灰膏	t	195.01	0.398	0.419	0.737	0.164
	水	m³	7.96	0.600	0.600	0.600	0.600
	水泥 32.5级	kg	0.29	184.000	129.000	340.000	303.000
	中(粗)砂	t	87.00	1.371	1.433	0.419	1.508

定 额 编 号				G5-285	G5-286	G5-287	G5-288
项 目 名 称				混合砂浆			
				1:1:2	1:1:6	1:0.5:3	1:1:4
基 价 （元）				276.88	237.06	269.29	262.11
其中	人 工 费（元）			—	—	—	—
	材 料 费（元）			276.88	237.06	269.29	262.11
	机 械 费（元）			—	—	—	—
	名 称	单位	单价（元）	消	耗		量
材 料	石灰膏	t	195.01	0.411	0.218	0.199	0.299
	水	m³	7.96	0.600	0.600	0.600	0.600
	水泥 32.5级	kg	0.29	379.000	202.000	367.000	275.000
	中(粗)砂	t	87.00	0.943	1.508	1.371	1.371

定 额 编 号				G5-289	G5-290	G5-291	G5-292
项 目 名 称				混合砂浆			
				1：0.5：2	1：0.5：5	1：0.2：2	1：0.5：1
基 价（元）				279.55	247.73	281.75	295.42
其中	人 工 费（元）			—	—	—	—
	材 料 费（元）			279.55	247.73	281.75	295.42
	机 械 费（元）			—	—	—	—
	名 称	单位	单价（元）	消	耗		量
材料	石灰膏	t	195.01	0.243	0.121	0.109	0.312
	水	m³	7.96	0.600	0.600	0.600	0.600
	水泥 32.5级	kg	0.29	449.000	262.000	505.000	577.000
	中(粗)砂	t	87.00	1.117	1.648	1.256	0.718

定　额　编　号			G5-293	G5-294	G5-295
项　目　名　称			豆石浆	素水泥浆	白水泥浆
基　　　价（元）			332.29	444.07	1199.10
其中	人　工　费（元）		—	—	—
	材　料　费（元）		332.29	444.07	1199.10
	机　械　费（元）		—	—	—
名　　称	单位	单价(元)	消	耗	量
材料	U型钢卡　φ6.0mm	副	1.09	0.690	—	—
	白水泥	kg	0.78	—	—	1532.000
	水	m³	7.96	0.300	0.520	0.520
	水泥 32.5级	kg	0.29	1135.000	1517.000	—

定 额 编 号				G5-296	G5-297	G5-298
项 目 名 称				素石膏浆	纸筋石灰浆	麻刀石灰浆
基 价（元）				438.28	357.23	298.93
其中	人 工 费（元）			—	—	—
	材 料 费（元）			438.28	357.23	298.93
	机 械 费（元）			—	—	—
名 称		单位	单价（元）	消	耗	量
材料	麻刀	kg	3.21	—	—	12.120
	石膏	kg	0.50	867.000	—	—
	石灰膏	t	195.01	—	1.313	1.313
	水	m³	7.96	0.600	0.500	0.500
	纸筋	kg	2.00	—	48.600	—

计量单位：m³

定 额 编 号				G5-299	G5-300
项 目 名 称				石灰麻刀砂浆	108胶
				1∶3	素水泥浆
基 价（元）				273.89	507.97
其中	人 工 费（元）			—	—
	材 料 费（元）			273.89	507.97
	机 械 费（元）			—	—
名 称	单位	单价(元)		消 耗 量	
108胶	kg	2.00		—	35.000
麻刀	kg	3.21		16.600	—
石灰膏	t	195.01		0.442	—
水	m³	7.96		0.600	0.300
水泥 32.5级	kg	0.29		—	1502.000
中(粗)砂	t	87.00		1.490	—

左侧竖排：材 料

359

定　额　编　号				G5-301	G5-302	G5-303
项　目　名　称				水泥白石屑浆		
				1∶1.25	1∶2	1∶2.5
基　　　　价（元）				463.82	376.49	352.12
其中	人　工　费（元）			—	—	—
	材　料　费（元）			463.82	376.49	352.12
	机　械　费（元）			—	—	—
名　　　称		单位	单价（元）	消　　耗　　量		
材	白石屑	t	128.00	1.042	1.326	1.459
	水	m³	7.96	0.600	0.400	0.300
料	水泥 32.5级	kg	0.29	1123.000	702.000	562.000

定　额　编　号			G5-304	
项　目　名　称			水泥石英混合砂浆	
			1：0.2：1.5	
基　　　　价（元）			286.32	
其中	人　工　费（元）		—	
	材　料　费（元）		286.32	
	机　械　费（元）		—	
名　　　称	单位	单价（元）	消　　耗　　量	
材料	石灰膏	t	195.01	0.130
	石英砂(综合)	kg	0.34	0.220
	水	m³	7.96	0.300
	水泥 32.5级	kg	0.29	613.000
	中(粗)砂	t	87.00	0.928

定　额　编　号				G5-305		
项　目　名　称				水泥玻璃渣浆		
基　　　价（元）				1385.73		
其中	人　工　费（元）			—		
	材　料　费（元）			1385.73		
	机　械　费（元）			—		
	名　　　称	单位	单价(元)	消　　耗　　量		
材料	玻璃渣	kg	0.98	1076.000		
	水	m³	7.96	0.300		
	水泥 32.5级	kg	0.29	1134.000		

3.特种砂浆、混凝土配合比

定　额　编　号			G5-306	G5-307
项　目　名　称			耐酸沥青胶泥	
			1：0.3：0.05	1：0.8：0.05
基　　　价（元）			2994.45	2694.55
其中	人　工　费（元）		—	—
	材　料　费（元）		2994.45	2694.55
	机　械　费（元）		—	—
名　　　称	单位	单价（元）	消　耗　量	
材 料	石棉	kg	3.20	49.000	42.000
	石英粉	kg	0.35	293.000	665.000
	石油沥青 30号	kg	2.70	1013.000	862.000

计量单位：m³

定 额 编 号			G5-308	G5-309
项 目 名 称			耐酸沥青胶泥	
			1：1：0.05	1：2：0.05
基 价（元）			2585.85	2229.90
其中	人 工 费（元）		—	—
	材 料 费（元）		2585.85	2229.90
	机 械 费（元）		—	—
名 称	单位	单价（元）	消 耗 量	
石棉	kg	3.20	39.000	31.000
石英粉	kg	0.35	783.000	1220.000
石油沥青 30号	kg	2.70	810.000	631.000

定 额 编 号					G5-310	G5-311
项 目 名 称					水玻璃耐酸胶泥	
					1：0.18：1.2：1.1	1：0.17：1.1：1：2.6
基 价（元）					2138.66	1695.30
其中	人 工 费（元）				—	—
	材 料 费（元）				2138.66	1695.30
	机 械 费（元）				—	—
	名 称	单位	单价（元）		消 耗 量	
材料	氟硅酸钠	kg	2.80		115.000	70.000
	石英粉	kg	0.35		770.000	458.000
	石英砂(综合)	kg	0.34		—	1082.000
	水玻璃	kg	1.62		636.000	412.000
	铸石粉	kg	0.73		708.000	416.000

定 额 编 号			G5-312
项 目 名 称			水玻璃耐酸胶泥
			1：0.15：0.5：0.5
基 价（元）			2356.22
其中	人 工 费（元）		—
	材 料 费（元）		2356.22
	机 械 费（元）		—

	名 称	单位	单价(元)	消 耗 量
材 料	氟硅酸钠	kg	2.80	137.000
	石英粉	kg	0.35	460.000
	水玻璃	kg	1.62	911.000
	铸石粉	kg	0.73	460.000

定 额 编 号			G5-313	G5-314
项 目 名 称			水玻璃胶泥	水玻璃砂浆
			1：0.18：1.2：1.1	1：0.7：1.1：1：2.6
基 价 （元）			2138.66	1695.30
其中	人 工 费 （元）		—	—
	材 料 费 （元）		2138.66	1695.30
	机 械 费 （元）		—	—
名 称	单位	单价(元)	消 耗 量	
材料	氟硅酸钠	kg	2.80	115.000	70.000
	石英粉	kg	0.35	770.000	458.000
	石英砂(综合)	kg	0.34	—	1082.000
	水玻璃	kg	1.62	636.000	412.000
	铸石粉	kg	0.73	708.000	416.000

定 额 编 号	G5-315
项 目 名 称	水玻璃混凝土
	1 : 0.16 : 1 : 0.9 : 2.45 : 3.25
基 价（元）	1536.90

其中	人 工 费（元）	—
	材 料 费（元）	1536.90
	机 械 费（元）	—

名 称	单位	单价（元）	消 耗 量
氟硅酸钠	kg	2.80	45.000
石英粉	kg	0.35	259.000
石英砂(综合)	kg	0.34	705.000
石英石	kg	0.44	934.000
水玻璃	kg	1.62	284.000
铸石粉	kg	0.73	287.000

定　额　编　号				G5-316	G5-317
项　目　名　称				硫磺胶泥	硫磺砂浆
				6：4：0.2	1：0.35：0.6：0.06
基　　　　　价（元）				9907.73	6680.88
其中	人　工　费（元）			—	—
	材　料　费（元）			9907.73	6680.88
	机　械　费（元）			—	—
名　　　称		单位	单价（元）	消　　耗　　量	
材料	聚硫橡胶	kg	15.34	45.000	68.000
	硫磺粉	kg	4.67	1909.000	1129.000
	石英粉	kg	0.35	864.000	391.000
	石英砂(综合)	kg	0.34	—	672.000

定 额 编 号		G5-318
项 目 名 称		硫磺混凝土
基 价 （元）		3874.37
其中	人 工 费 （元）	—
	材 料 费 （元）	3874.37
	机 械 费 （元）	—

	名 称	单位	单价(元)	消 耗 量
材料	聚硫橡胶	kg	15.34	28.000
	硫磺粉	kg	4.67	568.000
	石英粉	kg	0.35	197.000
	石英砂(综合)	kg	0.34	339.000
	石英石	kg	0.44	1382.000

定　额　编　号			G5-319	G5-320
项　目　名　称			环氧树脂胶泥	环氧稀胶泥
			1：0.1：0.08：2	1：0.3：0.07：1
基　　　价（元）			22637.21	30801.62
其中	人　工　费（元）		—	—
	材　料　费（元）		22637.21	30801.62
	机　械　费（元）		—	—
	名　　　称	单位	单价（元）	消　　耗　　量	
材料	丙酮	kg	7.51	65.000	258.610
	环氧树脂	kg	32.08	652.000	862.000
	石英粉	kg	0.35	1294.000	862.000
	乙二胺	kg	15.00	52.000	60.320

定　额　编　号			G5-321		
项　目　名　称			环氧树脂砂浆		
			1：0.07：2：4		
基　　　价（元）			14507.17		
其中	人　工　费（元）		一		
	材　料　费（元）		14507.17		
	机　械　费（元）		一		
名　　　称		单位	单价(元)	消　　耗　　量	
材料	丙酮	kg	7.51	67.000	
	环氧树脂	kg	32.08	337.000	
	石英粉	kg	0.35	667.700	
	石英砂(综合)	kg	0.34	1336.300	
	乙二胺	kg	15.00	167.000	

定 额 编 号				G5-322
项 目 名 称				酚醛树脂胶泥
				1∶0.06∶0.08∶1.8
基 价 （元）				11422.01
其中	人 工 费（元）			—
	材 料 费（元）			11422.01
	机 械 费（元）			—
名 称	单位	单价（元）	消 耗 量	
材 料	苯磺酰氯	kg	10.51	52.000	
	酚醛树脂	kg	16.00	649.000	
	石英粉	kg	0.35	1158.000	
	乙醇	kg	2.21	39.000	

计量单位：m³

定　额　编　号				G5-323	G5-324
项　目　名　称				环氧酚醛胶泥	环氧呋喃胶泥
					0.7：0.3：0.06：0.05：1.7
基　　　价（元）				22037.10	20862.40
其中	人　工　费（元）			—	—
	材　料　费（元）			22037.10	20862.40
	机　械　费（元）			—	—
名　　称		单位	单价(元)	消　　耗　　量	
材料	丙酮	kg	7.51	29.000	30.000
	酚醛树脂	kg	16.00	205.000	—
	呋喃树脂	kg	18.00	—	212.000
	环氧树脂	kg	32.08	—	495.000
	环氧树脂 6003号	kg	36.74	479.000	—
	石英粉	kg	0.35	1231.000	1190.000
	乙二胺	kg	15.00	34.000	35.000

374

定　额　编　号			G5-325	G5-326
项　目　名　称			环氧呋喃砂浆	环氧树脂底料
			14：6：1：40：80	1：1：0.07：0.15
基　　　　　价（元）			10722.38	47769.91
其中	人　工　费（元）		—	—
	材　料　费（元）		10722.38	47769.91
	机　械　费（元）		—	—
名　　　称	单位	单价（元）	消　　耗　　量	
材　　料	丙酮	kg	7.51	46.700	1174.000
	呋喃树脂	kg	18.00	108.000	—
	环氧树脂	kg	32.08	233.490	1174.000
	石英粉	kg	0.35	663.280	175.000
	石英砂(综合)	kg	0.34	1324.000	—
	乙二胺	kg	15.00	17.000	82.000

定 额 编 号			G5-327
项 目 名 称			普通沥青砂浆
			1：2：6
基 价（元）			1328.72
其中	人 工 费（元）		—
	材 料 费（元）		1328.72
	机 械 费（元）		—
	名 称	单位	单价（元）	消 耗 量
材料	滑石粉	kg	0.85	530.000
	石油沥青 30号	kg	2.70	275.000
	中(粗)砂	t	87.00	1.560

定 额 编 号					G5-328	G5-329
项 目 名 称					邻苯型	
					不饱和聚酯砂浆	稀胶泥
基 价 （元）					7519.00	15097.65
其中	人 工 费 （元）				—	—
	材 料 费 （元）				7519.00	15097.65
	机 械 费 （元）				—	—
	名 称	单位	单价（元）	消	耗	量
材料	801胶	kg	2.50	8.400		20.670
	二甲基苯胺	kg	32.10	2.000		3.330
	过氧化苯甲酰	kg	42.30	8.400		24.330
	邻苯二甲酸二甲酯	kg	9.13	6.200		17.330
	邻苯型不饱和聚酯树脂	kg	20.00	312.000		676.000
	石英粉	kg	0.35	748.800		662.000
	石英砂(综合)	kg	0.34	1528.800		—

定 额 编 号				G5-330	G5-331
项 目 名 称				双酚A型	
				不饱和聚酯砂浆	稀胶泥
基 价（元）				9453.40	19288.85
其中	人 工 费（元）			—	—
	材 料 费（元）			9453.40	19288.85
	机 械 费（元）			—	—
名 称	单位	单价(元)	消 耗		量
材料	801胶	kg	2.50	8.400	20.670
	二甲基苯胺	kg	32.10	2.000	3.330
	过氧化苯甲酰	kg	42.30	8.400	24.330
	邻苯二甲酸二甲酯	kg	9.13	6.200	17.330
	石英粉	kg	0.35	748.800	662.000
	石英砂(综合)	kg	0.34	1528.800	—
	双酚A型不饱和聚酯树脂	kg	26.20	312.000	676.000

定 额 编 号			G5-332	G5-333
项 目 名 称			钢屑砂浆	重晶石砂浆
			1：0.3：1.5：3.121	1：4：0.8
基 价（元）			6120.67	1008.73
其中	人 工 费（元）		—	—
	材 料 费（元）		6120.67	1008.73
	机 械 费（元）		—	—
名 称	单位	单价（元）	消 耗 量	
材 料	钢屑	kg	3.50	1650.000	—
	水	m³	7.96	0.400	0.400
	水泥 32.5级	kg	0.29	1085.000	490.000
	中(粗)砂	t	87.00	0.320	—
	重晶石砂	kg	0.35	—	2467.000

定　额　编　号				G5-334	G5-335
项　目　名　称				重晶石混凝土	石油沥青玛脂
基　　　　价（元）				930.34	3043.80
其中	人　工　费（元）			—	—
	材　料　费（元）			930.34	3043.80
	机　械　费（元）			—	—
	名　　称	单位	单价（元）	消　　耗	量
材料	滑石粉	kg	0.85	—	252.000
	石油沥青 30号	kg	2.70	—	1048.000
	水	m³	7.96	0.170	—
	水泥 32.5级	kg	0.29	342.000	—
	重晶石	kg	0.23	1867.000	—
	重晶石砂	kg	0.35	1144.000	—

定 额 编 号			G5-336	G5-337
项 目 名 称			沥青	
			稀胶泥100∶30	胶泥
基 价（元）			2883.05	6334.39
其中	人 工 费（元）		—	—
	材 料 费（元）		2883.05	6334.39
	机 械 费（元）		—	—
名 称	单位	单价（元）	消 耗 量	
木柴	kg	0.18	—	656.000
汽油	kg	6.77	—	393.750
石棉	kg	3.20	—	58.750
石英粉	kg	0.35	298.820	360.000
石油沥青 30号	kg	2.70	1029.060	1198.750

計量単位：m³

定　额　编　号				G5-338	G5-339
项　目　名　称				耐酸沥青砂浆 1：2：5.69	耐酸沥青混凝土（中粒式）
基　　价（元）				1472.03	1212.70
其中	人　工　费（元）			—	—
	材　料　费（元）			1472.03	1212.70
	机　械　费（元）			—	—
	名　　称	单位	单价（元）	消　　耗　　量	
材料	滑石粉	kg	0.85		427.000
	石英粉	kg	0.35	543.000	470.000
	石英砂（综合）	kg	0.34	1547.000	—
	石油沥青 30号	kg	2.70	280.000	187.000
	碎石 40	t	106.80	—	0.980
	中(粗)砂	t	87.00	—	0.870

382

定　额　编　号				G5-340	
项　目　名　称				不发火沥青砂浆	
				1∶0.533∶0.533∶3.121	
基　　价（元）				1615.76	
其中	人　工　费（元）			—	
	材　料　费（元）			1615.76	
	机　械　费（元）			—	
名　称		单位	单价（元）	消　　耗　　量	
材料	白云石砂 4号	kg	0.14	1320.000	
	硅藻土	kg	0.61	224.000	
	石油沥青 30号	kg	2.70	408.000	
	温石棉	kg	0.88	219.000	

定 额 编 号				G5-341	G5-342	G5-343
项 目 名 称				水泥珍珠岩		
				1：8	1：10	1：12
基 价（元）				136.58	134.44	134.62
其中	人 工 费（元）			—	—	—
	材 料 费（元）			136.58	134.44	134.62
	机 械 费（元）			—	—	—
名 称	单位	单价（元）		消 耗 量		量
水	m³	7.96		0.400	0.400	0.400
水泥 32.5级	kg	0.29		168.000	143.000	126.000
珍珠岩	m³	73.00		1.160	1.230	1.300

（材料）

定　额　编　号	G5-344
	沥青
项　目　名　称	膨胀珍珠岩
	1：0.8
基　　　　价（元）	584.15
其中 人　工　费（元）	一
材　料　费（元）	584.15
机　械　费（元）	一

名　　称	单位	单价（元）	消　　耗　　量
材 料 膨胀珍珠岩	m³	95.00	2.170
石油沥青 30号	kg	2.70	140.000

定　额　编　号			G5-345	G5-346	G5-347
项　目　名　称			泡沫混凝土		
			容重(kg/m3)		
			300	400	500
基　　价（元）			76.84	106.13	129.62
其中	人　工　费（元）		—	—	—
	材　料　费（元）		76.84	106.13	129.62
	机　械　费（元）		—	—	—
名　　称	单位	单价（元）	消　　耗　　量		
材料	氢氧化钠(烧碱)	kg	2.19	0.070	0.070	0.070
	水胶	kg	10.86	0.350	0.350	0.350
	水泥 32.5级	kg	0.29	248.000	349.000	430.000
	松香	kg	5.09	0.190	0.190	0.190

定 额 编 号			G5-348	G5-349	G5-350
项 目 名 称			加气混凝土		
			容重(kg/m3)		
			500	700	900
基 价（元）			110.66	114.56	118.16
其中	人 工 费（元）		—	—	—
	材 料 费（元）		110.66	114.56	118.16
	机 械 费（元）		—	—	—
名 称	单位	单价(元)	消	耗	量
材料	铝粉	kg	22.29	0.880	0.670	0.360
	氢氧化钠(烧碱)	kg	2.19	0.650	0.650	0.650
	水	m³	7.96	0.250	0.350	0.430
	水泥 32.5级	kg	0.29	251.000	234.000	226.000
	细砂	t	53.00	0.280	0.520	0.750

定 额 编 号				G5-351	G5-352	G5-353
项 目 名 称				水泥蛭石浆		
				1：8	1：10	1：12
基 价（元）				125.93	123.19	121.57
其中	人 工 费（元）			—	—	—
	材 料 费（元）			125.93	123.19	121.57
	机 械 费（元）			—	—	—
名 称	单位	单价（元）		消 耗		量
水	m³	7.96		0.400	0.400	0.400
水泥 32.5级	kg	0.29		175.000	149.000	131.000
蛭石	m³	60.00		1.200	1.280	1.340

定 额 编 号	G5-354
项 目 名 称	沥青稻壳
	1∶0.4
基　　　价（元）	540.00
其中 人 工 费（元）	—
材 料 费（元）	540.00
机 械 费（元）	—

	名　　称	单位	单价（元）	消　　耗　　量
材料	稻壳	m³	17.50	1.337
	木柴	kg	0.18	85.400
	石油沥青 30号	kg	2.70	185.640

定　额　编　号			G5-355	
项　目　名　称			耐酸沥青混凝土	
基　　　　价（元）			1050.49	
其中	人　工　费（元）		—	
	材　料　费（元）		1050.49	
	机　械　费（元）		—	
名　　称	单位	单价（元）	消　　耗　　量	
材 料	滑石粉	kg	0.85	427.000
	石油沥青 30号	kg	2.70	187.000
	碎石 40	t	106.80	0.977
	中(粗)砂	t	87.00	0.900

4.垫层配合比

定 额 编 号				G5-356	G5-357
项 目 名 称				灰土	
				2：8	3：7
基 价（元）				79.38	108.90
其中	人 工 费（元）			—	—
	材 料 费（元）			79.38	108.90
	机 械 费（元）			—	—
名 称		单位	单价（元）	消 耗 量	
材料	黏土	m³	11.50	1.310	1.150
	生石灰	kg	0.32	196.000	294.000
	水	m³	7.96	0.200	0.200

計量单位：m³

定 额 编 号				G5-358	G5-359
项 目 名 称				碎砖三合土	
				1：3：6	1：4：8
基 价（元）				171.74	169.45
其中	人 工 费（元）			—	—
	材 料 费（元）			171.74	169.45
	机 械 费（元）			—	—
名 称		单位	单价(元)	消 耗 量	
材料	生石灰	kg	0.32	113.000	87.000
	水	m³	7.96	0.300	0.300
	碎砖	m³	56.00	1.120	1.150
	中(粗)砂	t	87.00	0.810	0.860

392

定 额 编 号				G5-360	G5-361
项 目 名 称				碎石三合土	
				1：3：6	1：4：8
基 价 （元）				271.16	270.45
其中	人 工 费 （元）			—	—
	材 料 费 （元）			271.16	270.45
	机 械 费 （元）			—	—
名 称		单位	单价(元)	消 耗	量
材料	生石灰	kg	0.32	103.000	80.000
	水	m³	7.96	0.300	0.300
	碎石 40	t	106.80	1.597	1.643
	中(粗)砂	t	87.00	0.750	0.770

定　额　编　号			G5-362	G5-363
项　目　名　称			白水泥	彩色水泥
			白石子浆1∶1.5	砂浆
基　　　价（元）			1088.88	2653.27
其中	人　工　费（元）		—	—
	材　料　费（元）		1088.88	2653.27
	机　械　费（元）		—	—
名　　称	单位	单价(元)	消　　耗　　量	
材料	白石子	kg	0.29	1229.000	—
	白水泥	kg	0.78	936.000	1532.000
	色粉	kg	7.91	—	183.840
	水	m³	7.96	0.300	0.520

394